ロマンとソロバン

——マツダの技術と経営、その快走の秘密——

3 独自開発の道がフォードのお墨付きで開けた

6 新たなマツダ・ブランド構築への道

1

マツダはスカイアクティブに社運を賭ける

「マツダはこの新世代商品の第一弾であるCX-5によって、新たな市場を創造いたします。社運を賭けております」

マツダ株式会社代表取締役会長・社長兼CEO山内孝は、きっぱりとこう言い切った。それは、いつも公的な場に臨んで発言するときの淡々とした静かな口調と、なんら変わりはなかった。

二〇一二年二月一六日、山内は東京都内のホテルで、マツダの新しいクルマ、CX-5の発表会に臨んでいた。CX-5はSUVつまり、スポーティーな多目的乗用車のカテゴリーに入るニューモデルであり、クルマの構成要素のすべてを、具体的にはエンジンをはじめ、変速機、足まわり、車体やデザインなどをことごとく新規開発、そこにマツダの持てる技術力を注ぎ込むことによってつくりあげた自信作だった。その発表会場での質疑応答で、あるメディアの記者からこんな質問が飛び出した。

「ディーゼルエンジンを積んだ乗用車は、国内の消費者にあまり人気がないのが実情です。昨年一年間の国内市場は、国産と輸入車を合わせてやっと九〇〇〇台に届く程度の小さなものでしかありません。その不人気なディーゼルエンジンを積んだこのマツダの新しいS

ＵＶが、ディーゼルエンジンの乗用車が普及している欧州でならともかく、この日本国内で販売を伸ばせるという展望をお持ちなのでしょうか」

山内の冒頭の発言は、この質問に対する回答だった。

山内の覚悟とマツダの命運

「市場を創造する」、また「社運を賭ける」――。

このどちらの表現とも、そのまま新聞の見出しにできそうではある。自動車会社の新車発表会の席上で経営者の口からこのようなことばが飛び出してくるのは、どちらかと言えば珍しいと考えれば、なおさらだ。

にもかかわらず、この山内の発言に、メディアはほとんど反応を示さなかった。反応しなかったのは、質問者も含め彼らはそれを国内市場占有率せいぜい五パーセント程度の小さな自動車会社マツダの〝大風呂敷〟と受け取ったからなのだろうか。あるいは、山内のあくまでも静かで落ち着いた口調が記者の反応を鈍らせたのだろうか。いずれにしても、彼らの〝レーダー〟画面にこの回答が捕捉され映し出されることはなかった。

山内自身は、このようなメディアの鈍い反応をどのように判断したのだろうか。「市場の創造」にしても「社運」にしても、〝大風呂敷〟かどうかは別にして、それは間違いなく、山内の頭の中からごく自然に出てきたことばだった。

山内がマツダの代表取締役社長兼CEOの座についたのは、二〇〇八年一一月、世界的な経済不況の引き金になった〝リーマンショック〟直後の苦しい時期だ。しかも悪いときには悪いことが重なるもので、そのわずか二年数カ月後の二〇一一年三月には東日本大震災という未曾有の大災害に見舞われる。こうした暴風雨にも似た社会・経済環境のもとで、息つく暇もなくマツダの舵取りをしていた山内にしてみれば、文字通り紆余曲折の末、やっとCX‐5の発表・発売にまでこぎ着けた、という思いがあった。とはいうものの、新車の発売は新たなビジネスのスタートラインに過ぎない。肝心のマツダの経営そのものは、依然として予断を許さない状態であり、難しい舵取りを強いられる局面が続いていることに変わりはなかった。だからこそ、「それでもどんな難局も乗り切ってみせる」という経営者としての責任感と決意が、山内にこのことばを口にさせたのだった。

「社運を賭ける」――。そのことば通り、マツダの経営陣がこの新しいSUV＝CX‐5に社運を賭けていたのは紛れもない事実だった。万が一、この新型車が彼らの目論見が外れて市場に受け入れられなければ、単にひとつのモデルのビジネス計画が狂うというだけではおさまらず、マツダという企業そのものが存立の危機に陥る可能性すらあったのだ。その理由は、この新型車が投入されるまでの背景にあった。

同社は、二〇〇五年前後から、マツダ車の全ラインアップを一新させることを前提にした経営戦略の策定作業に着手、二〇一五年までを一区切りとする製品化計画の具体案をすでに描いていた。山内がCX-5の発表会で口にした〝新世代商品〟というのは、この計画から生まれる新型車群を意味していた。CX-5はこの新型車群の先駆けとなるモデルであり、そして同時にマツダにとってその新世代の製品ラインアップに初めて組み込む文字通りのニューモデルだった。マツダはこれを、その新世代製品の実力を初めて世に問うモデルとして市場に投入することにしたのだった。当然のことながら、一番バッターには是が非でもヒットを打ってほしい、願わくば長打を。ホームランならなおありがたい。しかし、空振り三振は絶対に許されないのだ。

CX-5が三振してしまえば、二〇一五年までの新世代製品群の将来シナリオ全体が大きく狂ってしまう。なぜなら、このCX-5をはじめとする新世代製品は同じ技術、考え方、デザインコンセプトで貫かれているからだ。もしCX-5が〝三振〟すれば、続いて投入を予定している製品の販売見通しにも暗雲がたちこめることになるだろう。そうなれば、マツダが一〇年がかりで策定し実行してきた戦略が根底から覆ってしまう。

マツダにはこのシナリオの他に、〝プランB〟はあったのだろうか。つまり、CX-5がつまずいた場合にとるべき危機回避が目的の代替計画はあったのだろうか。端的に言えば、なかったのではないか。というのも、彼らはそれを検討し用意するための経営資源を十分に抱えていたわけではなかったからだ。だとすれば、なおさら後戻りは許されない。したがって、CX-5に対して市場が好ましい反応をしないとなれば、マツダは即座にその息の根を止められてしまうような事態に直面しないとも限らない。山内をはじめ、同社の経営陣にはそれがわかりすぎるほどわかっていた。

この山内の応答を振り返って、経営陣のひとりがこうつぶやいた。

「あのことばを口にすることで、山内本人が自分自身を鼓舞していたんですよ、きっと」

先行するエコカーを凌駕しろ

新世代製品群を開発するマツダの道のりは長かった。世の中にない新しいものをつくりだすときは、それがどんな製品であれ、完成までには長くて険しい道のりが続くものだ。
新たな世紀、二一世紀に入ると、世の中の自動車技術に対する関心は、将来技術としての環境性能に優れたハイブリッドや電気といった動力機構を備えたいわゆるエコカーのほうに向くようになっていた。トヨタや日産、ホンダ、三菱といった有力自動車会社もそうした社会的な要求に応える意図もあって、精力的にエコカーを世に送りだそうとしていた。そしてそれが各自動車会社を先進技術に優れた企業だと消費者に判断させるための大きなアピールポイントとなっていた。ところが、二〇〇五年、二〇〇六年になっても、マツダには市場で販売できるエコカーが存在しなかった。

動力性能はともかくとしても、〝マツダには環境性能に優れた乗用車がない〟というイメージを払拭するには、何らかの手を打たなければならない。また、エコカー開発に〝出遅れた〟分、市場での巻き返しを図るためには、技術的な独自性・独創性をアピールできる魅力的な製品の開発に迫られてもいた。

そこでマツダがとった戦術は、あえてハイブリッドや電気といった動力機構を後追いすることなく、従来からの内燃機関、すなわちエンジンそのものの環境性能を可能な限り向上させる開発に重点をおくことだった。そして打ち出したのが、

「マツダは二〇一五年までに、マツダが生産する乗用車の平均燃費を、従来のマツダ車と

の比較で三〇パーセント向上させる」という方針だった。

乗用車の燃費をハイブリッドや電気という手段に頼らず短期間のうちに従来比三〇パーセント改善する、というこの宣言には、第三者からだけでなく、社内からも疑問の声が上がる。

「乗用車が発明されて一三〇年以上がたつ。馬力や信頼性の向上とともに、乗用車の燃料消費の性能を向上させようと、この間、世界中でさまざまな技術開発が行なわれてきた。どの企業もいわば八方手を尽くしてきた結果が今の状態だ。それなのにここにきて、いきなりエンジンの燃料消費を三〇パーセントも本当に向上させられるというのか？」


燃費性能の向上だけではない。排出ガス規制が世界的に厳格化の一途をたどっている問題も燃費性能に負けず劣らず困難な技術的課題として彼らに重くのしかかっていた。たとえば欧州ではユーロ5が二〇〇八年から、日本ではポスト新長期規制が二〇〇九年から施行され、排出される一酸化炭素、炭化水素そして窒素酸化物の基準値がより一層低いところに設定されいた。それだけではない。二〇一四年欧州では、さらに厳しいユーロ6という規制の実施が待っていた。

燃費と排気ガス浄化、両方の要求性能を満たす技術を包括してエコ技術と呼ぶとすれば、このエコ技術を開発することも、自動車会社が生き残っていくための必須条件であった。

カギは三〇パーセントの燃費向上

マツダはこの両方の課題を一気に克服するための手段として、ガソリンエンジンとディーゼルエンジンの燃焼性能そのものを向上させることに着目する。

一九世紀の終わりころにガソリンエンジンを積んだ乗用車が発明されて以来一世紀以上がたつ。しかし、それだけの年月を経ても、エンジンの燃焼性能を表す指標のひとつである熱効率は、三〇パーセントという数字にまでようやく到達したに過ぎない。熱効率とは、エンジンに供給される燃料が持っている化学エネルギーのうち、それが本来果たす機能＝乗用車の動力＝として活かされる割合のことであるから、熱効率が三〇パーセントの場合には、エンジンに与えるガソリン一〇リットルのうち、推進力として有効に活かされるのはわずかに三リットル、残りの七リットルは推進力以外に使われてしまい無駄になっているわけだ。

したがって、もし、無駄に捨ててしまっているこの燃料の持つエネルギーを、従来よりももっと有効に仕事＝推進力に振り向けて活かせれば、たとえばその無駄を六〇パーセントにまで抑え込めれば、エンジンの燃焼性能＝熱効率を一〇パーセント向上させられる。さらに熱効率の向上によって燃料の使用量が減少すれば、燃焼時に発生する有害物質も減少し、排気ガスの清浄度改善にもつながるはずだ。要するに、熱効率を向上させることが、排出ガス規制をクリアするための手段としても非常に有効なのだ。

こうした論理のもとにマツダが発想したのは、エンジンの燃焼性能の劇的な改善に取り組むことだった。自動車業界の中で、一般的にほぼ限界に近いところまで開発し尽くされたのではないかと思われているエンジンの燃焼性能にあらためて着目し、一切の先入観を排除してその限界に挑戦するのだ。社会的要請に応えるのに十分な性能を持つ次世代の乗用車の駆動機構がどうあるべきかを考えたとき、ハイブリッドや電気を有力な手段として技術・製品開発の視野に入れるのは間違っていない。

しかし、マツダ自身は残念ながら、それらの開発で出遅れたのは事実であり、それだけ他社との競争では追いかける立場を強いられ、劣勢になっていることは明らかだ。限られた貴重な経営資源は最大限に活かさなければならないのだから、それをあえて不利な分野に振り向けるよりも、本来自分たちが得意とする分野に集中させるほうがずっと理に適っている。自分たちの得意分野とは何か、それはエンジンの燃焼技術、車体設計技術、あるいは製造技術といった、従来マツダが長年にわたり磨きをかけ続けてきた分野だ。とりわけエンジンの開発にかけては、マツダはそれなりの誇りと自信を持っている。なぜなら、一九六〇年代世界中の自動車会社がこぞって開発に取り組みながら、一社も製品化に成功しなかったロータリーエンジンを、マツダだけが〝もの〟にしたからだ。

もちろん自分たちの得意分野に賭けたとしても、その開発の道は容易ではない。事実、「いまさら短期間でガソリンエンジンの燃費を三〇パーセントも向上させることなど不可能だ」という声も社の内外を問わず聞こえてきていた。それでもマツダはその決断を変えようとはしなかった。また、彼らにとって、それ以上に有効と信じるに足る道が残されているわけでもなかった。

自分たちが置かれた不利な状況から脱出し、さらに他社よりも優れたエコカーを生み出すために、こうしてマツダは、困難な道を選ぶことになる。すなわちエンジンの燃焼技術にこだわり、単体でもハイブリッドや電気といった他社のエコカーに十分対抗できるマツダ独自のエンジンの開発を中核に据えながら、トランスミッションやボディー構造、さらには効率的で極力コストを抑えられる設計技術、製造技術の開発に持てる経営資源を集中させるという決断をしたのだった。

結果的にこの決断がマツダに将来への発展につながる道筋を与えることになった。ＣＸ‐５の発表会に至るまでの数年間で同社は当初の目論見通り独自技術の開発に成功する。その一連の技術は、「ＳＫＹＡＣＴＩＶ（スカイアクティブ）」と名付けられ、その新世代製品群を特徴づけるマツダの強力な武器となっていく。

ＣＸ‐５の発表会の席上、山内の頭の中には、このスカイアクティブがたどった開発の紆余曲折が去来していたに違いない。

リーマンショックで経営努力は元の木阿弥か

実は、そのとき山内の脳裏に去来した〝紆余曲折〟はもうひとつあった。それは二〇〇八年以降マツダがたどった経営のありようだった。

二〇〇八年の秋、山内は副社長から社長兼ＣＥＯに昇格し、マツダの経営を担う責任のある立場になった。二〇〇八年といえば、九月にリーマンショックが起こったために、世界的な金融危機を招き景気が一気に冷え込んでしまったときだった。当然、乗用車の販売も低迷。いくら人事異動で昇格したとはいえ、山内にとっては、順風満帆での船出どころではなかった。それどころか、いきなり嵐の中に放り込まれたようなものだった。

その嵐の中で、マツダの業績もあっという間に悪化してしまう。リーマンショックの前年、二〇〇七年度には過去最高の売り上げと利益を計上していた。連結売上高は三兆四七五八億円、連結営業利益は一六二一億円。同当期利益は九一八億円。早期退職者を募るところまで追い込まれた二〇〇〇年度の悪夢のような業績から反転、翌二〇〇一年度から〇七年度までの七年間は、順調に回復軌道に乗り、そのまま いわゆる右肩上がりの成長を続けていくように思えた。ところがこの二〇〇八年度、リーマンショックによって経営環境が激変、売上高は前年度から二七パーセントも減少して二兆五三五九億円、しかも営業利益は二八四億円の赤字、当期利益の項目も七一五億円という巨額赤字に転落してしまう。案の定、年間販売台数も事情は同じで、一三六万台から一二六万台へと七パーセントも落ち込んだのだ。

この業績の落ち込みは、経営陣が策定したばかりのマツダの新中期計画に暗い影を落とすことになる。

この新中期計画は、それまで六年間の業績の順調な推移を受けて、リーマンショックの前年の二〇〇七年春に、「マツダアドバンスメントプラン」として打ち出されたものだった。その中核に据えた目標は、二〇一〇年を最終年度とし、連結営業利益二〇〇〇億円以上(計画策定の直前である二〇〇五年度には一一三四億円を計上していた）、年間販売台数一六〇万台以上（同一二八万台）だった。四年間で営業利益を六〇パーセント以上伸ばそうというわけだ。そしてこの中期計画と同時に、技術開発の長期ビジョン「サステイナブル〝Zoom-Zoom〟宣言」を策定し、動力性能と環境性能の両方を同時に満足させる製品開発に取り組み、市場におけるマツダ・ブランドの存在感を高める作戦をとる、という方針を打ち出した。

この時点におけるマツダの目論見は、新中期計画と長期ビジョンの両者を表裏一体のものとして捉え、前者の計画を達成すれば、おのずから後者の技術開発の原資が確保されるというものだった。すでに述べたように、マツダは、限られた経営資源をハイブリッドでもなく、電気でもない、ただ一点の目標に絞り込んでいた。すなわち、従来の内燃機関の性能向上を図ることを核にして、マツダ車の燃費・環境性能を劇的に向上させる、という一点だ。具体的には、二〇〇八年から二〇一五年までの七年間で、世界中で販売するマツダ車の平均燃費を三〇パーセント向上させるという目標をたてていた。

「いまさらわずか数年という短い期間でガソリンエンジンの燃費を三〇パーセントも向上させることなどというプランは考えられない」という懸念の声があったほど、誰が見てもそれは困難な開発課題だった。それでもマツダは、この開発目標に賭けた。したがって、万が一、新中期計画の目標数字が達成できないとなれば、将来に向けての技術開発にも大きな影響が出てくる。この技術開発の目標達成を前提としていた新中期計画が、その二年目にして早くも達成の見通しが危ぶまれる事態になったとすれば、ことは重大だ。新技術をベースにした二〇一五年度に完成するはずのマツダ車のラインアップ構成は、絵に描いた餅に終わってしまう。

案の定、社長兼CEOに就任した直後の山内は厳しい現実に直面する。

この二〇〇八年の会計年度末＝二〇〇九年三月には、前年に一〇二億円だったキャッシュフローがマイナスの一二九二億円、純有利子負債が二八一一億円から五三二六億円に跳ね上がった。この負債の急激な増加は、マツダにとってそれまでの負債削減の努力が一夜にして吹き飛ばされてしまったかのような衝撃があったはずだ。というのも、この五三二六億円という数字は、フォードから送り込まれた経営者のもとで経営再建が本格化した二〇〇〇年度の純有利子負債額、四八四六億円をも上回っていたからだ。この純有利子負債という観点からすれば、マツダの経営状態は一気に一〇年前に逆戻り、ということになる。キャッシュフローが大幅なマイナスという事実は、いわば懐が寒く、資金繰りが逼迫しているなによりの証拠だった。

山内はこの状況を打開するための施策のひとつとして、資本の増強を図る。二〇〇九年一〇月に公募と第三者割当による増資そして自己株式の売却とによって資金を調達することにした。結果的に調達できた金額は九三三億円になった。山内以下担当の役員は個々の融資先や投資家を訪問して説明し、理解を求める努力を怠らなかった。そして幸い、同社が二〇〇七年三月にあのサステイナブルZoom-Zoom宣言をして積極的な技術開発による〝攻め〟の姿勢を明確にしていたことも手伝って、金融市場はこの資本増強策を前向きに評価。事実、マツダはそのうちの六〇〇億円を研究開発投資に向けることにしていた。これによって業績はよい方向に転じ、二〇〇九年度の損失額は前年度の七一五億円から六五億円にまで持ち直した。依然として赤字ではあるものの、この年度初めには赤字幅が一七〇〇億円と見込まれていたことからすれば、その額のおよそ三八パーセントにおさまったことになる。

とはいっても、二〇〇七年春に掲げた新中期計画の目標、すなわち「二〇一〇年に年間販売台数一六〇万台以上、営業利益二〇〇〇億円以上」の達成はきわめて困難になってしまった。この厳然たる事実からは逃れられない。そこで、山内は二〇一〇年春に、「反転攻勢」という表現を使って「中期施策の枠組み」を策定する。ある意味では目標の軌道修正だ。そしてこのときはあえて目標と言わずに、「中長期見通し」と称して、あらためて年間販売台数と営業利益の数字を設定する。具体的にはそれぞれ一七〇万台、一七〇〇億円とした。もとの目標と比較して、前者は一〇万台のプラス、後者は三〇〇億円のマイナスだ。修正した数字を目標ではなく、見通し、とした背景には、将来どのような社会的経済的変化が起こるのか、予測が難しい、先行き不透明な環境になったという考えがあったからだろう。

一難去ってまた一難……

ところが、こうして二〇一五年を見据えた新しい目標のもとに〝反転攻勢〟を始めたのも束の間、その〝中期施策の枠組み〟を策定して一年が経過しようとしていた二〇一一年三月に東日本大震災が襲う。それによって引き起こされた東京電力福島原子力発電所の事故の影響も加わって、国内の社会的経済的な状況が激変した。経済は混乱、マツダも他の自動車メーカー同様、その渦中に巻き込まれる。

当然、この三月を期末とする二〇一〇年度の業績は激しく落ち込んでしまった。本業の利益を示す営業利益は二三八億円の黒字を確保したものの、震災による工場の操業停止やその後の操業率低迷、さらには販売が急激に落ち込んだ製品の在庫急増などに対処するための財務政策に、緊急的に資金を投入せざるを得なくなったため、最終的には六〇〇億円の赤字を計上することになる。それだけではない、手許の資金繰りの余裕度を示すフリーキャッシュフローが期末には一六億円にまで落ち込んでしまう。この金額は、年間の売上高二兆四〇〇〇億円の企業にとっては大いに問題で、いわば財布は空っぽということだ。一歩間違えれば会社の存続すら脅かしかねない。二年半前のリーマンショックという経済的な環境の悪化に続いて、今度は大震災という自然災害が招いた危機的な状況に直面した。

自動車産業は非常に裾野が広く、それだけにその生産拠点を構えている地域とはとくに経済的に密接なつながりがある。自動車企業の浮沈が、そのまま地域経済の浮沈に直結することもよくあることと言ってよいだろう。マツダの場合、地域との関わり方が他の自動車会社のそれよりも濃密だった。その主な理由のひとつに、マツダの生産体制があげられる。アメリカ、タイ、中国にも生産拠点があるにはある。

しかし、マツダはかねてから、国内の工場、つまり、広島の本社工場と山口県防府市の防府工場での生産が最優先だと考えていた。それが、広島という地域に対するコミットメントである、という社会的経済的な責任感からだった。事実、歴史的に見てもマツダの操業が地域経済の大きな支えになっていたことは、誰の目にも明らかだった。したがって、マツダが海外に生産拠点を移すことによって、広島での生産が減少すれば、それが即座に広島経済に影響する。海外の生産拠点建設の目的は、国内生産の不足分を補うことにある、したがって、必要以上に海外移転は考えないという意識が、マツダの中では強く働いていた。

当然、言うまでもなく、二〇一一年度の時点でも圧倒的に生産台数が多かったのは、国内だった。総生産台数の内訳は、国内が八四万七〇〇〇台、そして海外がアメリカ、中国、タイなど合わせて三三万八〇〇〇台。マツダはこの年、国内生産台数の約四分の三を輸出していた。

大震災が与えた国内の生産活動への影響は甚大だった。具体的には、大震災以降三月末までの三週間の短期間に四万六〇〇〇台の生産未達となり、国内はともかく海外向けに船積みできるクルマが激減して、震災の直接的な影響がないはずの海外の販売までもが滞ってしまう。

一週間に及んだ国内工場の操業停止、それに続く低操業率での生産活動、増え続ける製品在庫などなど直面する難題が瞬く間に山積する。新世代製品の核となってくれるはずの新技術の開発は最終段階を迎えており、その製品化も目前だった。それだけにマツダにとって大震災の時期が悪すぎる。山内はじめ経営陣は切歯扼腕したことだろう。事実、大震災の直後のマツダからは、連日、現金がさながら湯水のごとく消えていった。メーカーにとって、工場が動かない、製品が売れないという事態が一時的なものならともかく、回復の見通しがたたずに長期化することほど、恐ろしいことはない。

　この状況を乗り切らなければ、二〇〇五年以来必死に開発してきた新世代製品群が日の目を見ないままになってしまう。そうなると市場におけるマツダの存在感の確立も果たせず、これまでの計画の達成にメドがたたなくなる。広島・山口という、マツダが本拠にしている両地域に対する責任も果たせない。マツダの経営陣は二〇一一年四月以降、業務継続のための資金調達に奔走した。とはいえ、これだけ苦しい経営の舵取りを強いられている環境のもとでも、当初、マツダは、前述の二〇一〇年春に設定した中長期施策の枠組みに基づく「中長期見通し」の数字、つまり年間販売台数一七〇万台、営業利益一七〇〇億円、を変更しようとはしなかった。

公募増資と劣後ローン

とはいうものの、マツダを取り巻く社会的経済的環境が好転する兆しはなかなか見えてこない。同業他社と比較して海外生産の割合が低い（二〇一〇年度約三二パーセント）マツダの経営にとってすでに大震災以前からボディーブローのように効き続けていたのが円高の進行だった。円はドルに対して、リーマンショックのころは一一四円前後だったものの、二〇一〇年には九三円、一一年八八円と円高が進む。この円高傾向は長期化の様相を見せ、円安へと振れてくる様子はなかった。

こうした経営の舵取りのもと、マツダがその体質の変革に一層力を入れて、厳しい経営環境にも耐えられる方策を考えたのは、当然のことだった。山内はリーマンショック以降、ドル八〇円でも利益の出る体質への転換を指示していた。

そこで策定されたのが「構造改革プラン」だった。問題は、このプランの実行に必要な資金をどのように工面するか、ということだった。非常に厳しい経営環境におかれているマツダに資金の余裕はない。増資、という手がなくはないにしても、リーマンショックの翌年、二〇〇九年にすでに九三三億円の増資をしていたため、三年もたたないうちにまた増資による資金調達というのも簡単な話ではない。もし、この策に打って出れば、金融市場や投資家からは疑問の声が上がるかもしれないからだ。曰く、発行株式の大幅な増加は、通常株価の低下を招くため株主にとっては決して利益になる施策とは言えない。そんな施策を短期間のうちにまたしても実行しようというのか。マツダにとって、簡単な話ではなかったのは言うまでもない。

それでも資金は調達しなければならない。資金がなければ、スカイアクティブ技術を満載した新世代製品は、開発はしたものの量産できないという不幸な事態に陥ってしまう。山内以下担当役員は、この資金調達のために東奔西走する。銀行をはじめとする金融機関や投資企業、機関投資家などを個別に訪問して、マツダの経営の現状や将来の経営計画をていねいに説明し、彼らの理解を求めた。好意的なところばかりではない。ほとんど話を聞こうともしないところもあったという。そうした地道な努力を積み重ねながら、二月三日、二〇一一年度第3四半期業績説明会の場を設定し、その席で「中長期施策の枠組み」を強化するという位置づけのもと「構造改革プラン」を公表する。こうして次年度つまり二〇一二年度以降に必要な巨額の資金を調達する道筋をつけていった。

業績説明会から一三日後の二月一六日、スカイアクティブ技術搭載の第一号モデルCX

-5の発表会を迎えることになる。

さらにそのわずか六日後、マツダは資金調達の計画を発表する。公募増資と劣後ローンの二本立てだった。想定していた調達金額は両方合わせて合計でなんと最大で約二三〇〇億円。内訳は前者でおよそ一六〇〇億円、後者が七〇〇億円。

経営の中長期計画の発表、新車の発表、そして資金調達の三つのプロジェクトをひと月の間に矢継ぎ早に実行した。競争力に優れた独自技術満載の製品を生産するために必要な資金を獲得することによって、マツダの将来を切り拓くための道がつけられたのだった。

現社長の小飼雅道は次のように振り返る。

「社長（山内）以下、財務担当の役員が、エンジニアの開発した技術を心底から信じて、投資や融資をしてくださる方々ひとりひとりに頭を下げたからこそ、その二〇〇〇億円余りの資金で工場が建設できた」

運命の二〇一二年二月

ＣＸ‐５の発表会とその後の市場導入は、なにがなんでも成功させなければならない。発表会の席上、山内はそう考えていたはずだ。ただし、山内にＣＸ‐５が必ず成功するという確たる自信があったかと言えば、それはどうかわからない。

実は、事前の計画段階で国内営業本部が内々に考えたＣＸ‐５の国内販売目標の数字は年間一二〇〇台。ひと月あたりにすればたった一〇〇台に過ぎない。要するに、〝売れません〟と言っているに等しい。しかも月に一〇〇台という数字は、ガソリンエンジン仕様車とディーゼルエンジン仕様車両方合わせてのものだ。だとするとディーゼルエンジンのＣＸ‐５は一体何台売れるというのか。

万が一、この同本部内々の目標数字〝月一〇〇台〟が一年後にそのまま現実と一致したあかつきには、スカイアクティブの市場における評価そのものに疑問符が付けられたことになり、ＣＸ‐５に続いて計画されている新世代製品、具体的には、アテンザ、アクセラ、デミオといった主力の乗用車の将来性にも懸念が生じてしまう。それはすなわち、マツダが二〇〇五年以来進めてきたすべてを一新する乗用車群の戦略に疑問符が付くことを意味する。それだけではない、同時に、構造改革プランにも黄色の信号が点滅するだろう。絶対にそんな結果にはしたくない、CX - 5は必ず成功させてみせる。

山内のこの決意が、〝国内販売台数目標、月に一〇〇〇台〟という内々の数字がその頭の中にあるにもかかわらず、冒頭の発言を生んだのだった。

「市場を創造する。社運を賭ける」

これはメディアに対してだけではなく、同時に社内に向けた社長の宣言でもあったのだ。

この発表会のあと公表した資金調達の結果、公募増資で一四四二億円、劣後ローンで七〇〇億円、合計で二一四二億円を無事に調達できた。うまくいった。

うまくいったのは資金調達だけではない。CX - 5の市場導入もうまくいった。発表後一カ月の受注台数が約八〇〇〇台。これは当初内々の月間販売計画台数一〇〇〇台の八〇倍の数字だ。中でもディーゼルエンジン仕様車の数字は驚くべきものだった。約五八〇〇台に到達、受注台数の七三パーセントを占めたのだ。月に一〇〇〇台しか売れないと言ったのは一体、どこの誰だったのか？

こうして新世代製品の第一弾、CX - 5に対し市場から予想以上の評価を得たこと、そして構造改革プランを実現するというマツダに対する市場の信任によって巨額の資本増強が無事達成できたことで、経営陣は山内が掲げた〝反転攻勢〟に向けての手応えを感じていた。

小飼は言う。

「劣後ローンを含む資金調達に奔走してくれた山内以下担当役員こそ、今のマツダへの道をつけた立役者だ」

この資金調達によって、その後三年間にわたる研究開発、生産拠点建設などの資金が賄えたのだ。中でも主なものは、スカイアクティブをはじめとする研究開発費用として約九七八億円、新世代製品を生産するための設備投資に三〇〇億円、さらに新設するメキシコ工場に三〇〇億円だった。マツダにとってはどうしても必要な資金だった。

二〇一二年二月はマツダにとって大きな転換点となった。

2

「君たちに ロマンはあるか？」

二〇〇五年七月、マツダは社内の全組織を巻き込んだ長期戦略策定プロジェクトチームを正式に発足させた。チームの名称が表しているように、マツダの将来の方向性を示す新たな中長期計画を策定することがその目的だった。CX-5をはじめとする新世代製品群誕生の源流はここにある。

このプロジェクトを主導したのは、社長兼CEOに就任してちょうど丸二年となる井巻久一、副社長のジョン・G・パーカーそして専務執行役員兼CFO（最高財務責任者）のギデオン・ウォルサーズの三人の代表取締役。彼らの指示にしたがって、経営企画室が、人事、経営企画、生産、工場、購買、研究開発、IT系、広報マーケティング、そして日本や北米など地域ごとの営業など分野別に一二のチームを編成する。

世界一のクルマをつくりたいか？

一二のチームに対して三人のトップから与えられた役割は、チームそれぞれの立場で、将来を見据え長期的に必要な経営資源について具体的な展望を示すこと、別のことばで言えば、経営資源をいかに強化するかその方策を考えることだった。彼らは、一二のチームから上がってきた答えを総合したうえで、一年前の二〇〇四年から実行に移されていた中期経営計画「マツダモメンタム」のあとを引き継ぐべき経営計画を具体化しようと目論んでいた。つまりこのマツダモメンタムが終了する二〇〇七年以降の経営計画をまとめあげるのだ。そのために編成されたチームの名称はクロス・ファンクショナル・チーム、略してCFT。順番にCFT1から同12まで専門分野ごとに編成された。研究開発分野の責任が与えられたのはその六番目のチーム、CFT6だった。そのチームのチャンピオン、つまり計画をまとめる責任者に指名されたのが常務執行役員の金井誠太だった。金井は一九七四年マツダに入社、以来エンジニアリング畑を歩み、二〇〇二年に発売された初代アテンザの主査を務めた経験もある人物だった。ちなみに、CFT全体を統括するチャンピオンは、当然のことながら井巻であった。

金井はこのCFT6というチームを引き受けるとき、この計画策定作業に対しては、次のような印象を持っていた。

「経営資源の強化の検討とはいえ、何をすべきかは明確になっていない、大局的に言えば、どんな会社にしたいのか、われわれにはビジョンが見えてこない。フォードの経営手法が導入されてからほぼ一〇年、会社の財務状態改善のためにさまざまな制約をなにがなんでも勘定に入れるソロバンが頭にこびりついている。ソロバンのことばかり考えていては、ロマンなど入る余地がないではないか」

引き受ける以上、自分の方針を貫きたい、そう考えた金井はこう考えた。

ロマンを追いかけよう。今こそロマンを考えよう。かねてから思い続けていた〝世界一のクルマをつくる〟、そんなロマンを追いかけよう。

わがCFT6のメンバーにも、世界一のクルマをつくるというロマンを持ってもらおう。もちろん、ローマは一日にしてならず、であり、〝世界一〟は一朝一夕に実現できる目標でないことは百も承知している。長期戦は覚悟のうえだ。しかし、少なくともこの仕事を通して世界一への方向性だけはつけられるのではないか。

だからこのCFTの活動を最大限に活用し、開発陣には従来当然と考えられていた制約をすべて取り払った状態で、斬新な発想を駆使できる環境を与えるべきだ。そうすれば、圧倒的な競争力のあるクルマを開発できる可能性がこれまで以上に高まるのではないか。開発エンジニアのロマン、それは世界一のクルマをつくることだ。これには誰も異論がないはずだ。ロマンは、開発がどれほど困難であってもそれを乗り越えていくための原動力を彼らに与えてくれるだろう。ロマンが共有できれば、チーム全員の士気も上がる。

どん底からのマツダ・ブランド再生

こうして金井が開発にロマンを求めようとしたのは、単なる思いつきからではない。そこには、金井の経験からくる理由、そしてその経験の舞台となったマツダに特有の理由がある、と言ったほうがあたっているかもしれない。その理由を理解し、さらには、このCFT6のメンバーが取り組んだ開発の内実に迫るため、マツダの歴史を二〇〇五年の時点からざっと一〇年ほどさかのぼって、簡単に振り返ってみることにしよう。

一九九〇年代、経済界のいわゆるバブルがはじけたのをきっかけに、マツダが経営危機に陥ったことはよく知られている。一九九三年から一九九五年まで三年連続の赤字決算。この間毎年、二兆円前後の年間売上高に対して、各年の赤字が、それぞれ四八九億円、四一一億円、一一八億円。加えて生産台数も惨憺たるもので、一九九〇年ピーク時の一四二万二〇〇〇台から九五年には七七万一〇〇〇台にまで激減、五年間でほぼ半減というありさまだ。まさに存続が危ぶまれるほどの事態だった。そこで、一九九六年四月、フォードがマツダの第三者割当に応じて五二三億円を追加融資することが決まる。これによってフォードによるマツダの持ち株比率が三三・四パーセントにまで上昇し、フォードがマツダの経営権を掌握した。この動きに伴い、フォードは、それまで広島に来て副社長を務めていたヘンリー・ウォレスを社長に昇格させた。マツダは名実ともに、フォードグループの傘下で経営の再建を目ざすことになったのだ。

「フォードがマツダの経営権掌握」というニュースを産業界は衝撃をもって受け止めた。技術立国ニッポンを支える代表的な日の丸企業の一角に外国企業のリーダーが乗り込んできたという事態は、日本の産業史ではおそらく初めてのことではなかっただろうか。それだけに経済界のみならず、マツダの地元広島にも今の時代とは比較にならないほどの大きなショックを与えていた。当時を振り返って、ある広島県庁の幹部が言う、「マツダがアメリカの企業になってしまい、その存在が気持ちのうえでも広島から離れていってしまうと感じた。寂しかった」。

ショックというより、それは激しい喪失感と表現したほうがあたっているかもしれない。もちろん、それだけに当時のマツダ社員の気持ちは想像に難くない。

マツダにとって、経営再建はいばらの道になった。それを最も象徴しているのが、二〇〇一年二月に実施された〝早期退職特別優遇プラン〟、平たく表現すれば、人員削減策だろう。具体的には間接職種の社員を対象に一八〇〇人の希望退職者を募集。その対象者は、主に勤続一〇年を超える四〇歳以上の人、そして勤続五年を超えた三〇歳以上の人たちだった。当時のマツダの従業員数は二万一八七六人。つまり、削減の割合はなんと八パーセントであった。

それは本当に苦しい時期だった。この早期退職プランを発表した直後、当時の社長マーク・フィールズ(二〇一四年七月よりフォード・モーターCEO)は、全社員に向かって次のように語っている。

「早期退職でマツダを去った人たちには皆、厳しい人生が待っている。しかし、マツダに残ったわれわれにもまた、それと同じかむしろそれ以上に厳しい仕事と課題が待っている」

マツダという企業が積極的に変革に取り組まなければ、その存続はない、というフォードからやって来た経営陣の考え方がその根底にはあったのだ。

こうした厳しい人員削減が実施されたのは、言うまでもなく、付け焼き刃の思いつきではない。これは二〇〇〇年一一月にマーク・フィールズが主導して策定されたマツダの中長期経営計画「ミレニアムプラン」の一環だった。そしてこのミレニアムプランこそ、一九九六年から始まったフォードの参画による経営再建の初期段階にひと区切りがつき、つまり、経営が破綻する危機からなんとか脱却を果たすと、いよいよ次の段階、すなわちマツダを本格的な成長軌道に乗せるべき段階になったことを意味していた。ちなみに、このミレニアムプランの実施期間は、二〇〇一年から二〇〇四年までの四年間だった。

一九九六年から始まった経営再建の初期段階で、まず常套手段である財政の緊縮策によって〝出血〟を止めると、マツダは業績低迷で傷ついたブランドの再構築にとりかかる。マツダというブランドが国内外できわだった存在になることが、成長のための不可欠な要素である。

幸か不幸か、フォードグループの傘下には当時、フォード自体が持っている三つのブランド（フォード、リンカーン、マーキュリー）を筆頭に、ジャガー、ランドローバー、アストンマーチンがあり、これに九九年からはボルボも加わる。他社と競合する前に、まずはこのグループ内の多彩なブランドと棲み分けられる明確な存在感も確立するという課題にも直面する。こうした背景から、マツダは、あらためてマツダ・ブランドとは何かを検討し、それを定義する必要に迫られた。

結論から言えば、この「マツダ・ブランドの再構築」の取り組みが財産となり、今のマツダ・ブランドの基礎が固まり、それが現状の製品ラインアップを構成する出発点ともなっているのだ。

"Zoom-Zoom"の原点と金井のアテンザ

この点にもう少しだけ触れておこう。

マツダのブランド再構築はフォードが経営権を掌握した翌年の一九九七年に開始される。この年の六月、フォードの本拠地デトロイトでフォードグループのトップが集結したワールドワイドブランド戦略会議がその始まりだった。この戦略会議の目的は文字通り、グループ傘下の各ブランドの定義とその戦略を明確にすることにあった。言い換えれば、グループの中で「マツダのアイデンティティーとは何か」「そのアイデンティティーを確立し維持するために、どんなクルマを世に問うつもりなのか」その答えを出せ、ということだ。

「マツダのアイデンティティーとは何か」

この問いかけを受けてから一年、マツダはその答えとして「マツダ・ブランドのDNA」を〝個性〟と〝商品〟の両面から次のように定義することにした。

〝個性〟のDNAとは

○センスのよい　Stylish

○創意に富む　Insightful
○はつらつとした　Spirited

〝商品〟のＤＮＡとは
○きわだつデザイン　Distinctive Design
○抜群の機能性　Exceptional Functionality
○反応の優れたハンドリングと性能　Responsive Handling and Performance

現在のマツダ車がこれらの定義を基点として開発されてきた製品であることについては以降の章で改めて詳しく触れる。

「そのアイデンティティーを確立し維持するために、どんなクルマを世に問うつもりなのか」

単刀直入に表現すれば、ブランドＤＮＡの定義を新たに明確にしたことを受け、それをもとに検討した結果、マツダは、その時点まで進めていたニューモデルの開発計画と実際の作業の大枠を中断することに決めた。というのも、そのまま開発を続けるとすれば、ブランドDNAを定義した後にそれにふさわしくない製品が発売されることになるからだった。そんな状況は許されない。したがって、ブランドを体現したモデルを開発するために、二〇〇〇年の一一月から、なんと一八カ月という長期にわたって新型車を投入しない、という決断を下す。これは一九六〇年代以降の自動車業界では考えられない実に思い切った意思決定だった。とくに自動車販売業界の常識からすれば、一年半にわたって新車が発売されなければ販売店が悲鳴を上げてもおかしくないと言える。むしろ無謀な策、と言っても言い過ぎではないかもしれない。

この決断に伴い、長年市場で親しまれてきたカペラやファミリアといった看板の車名も廃止。新しい車名をつけてイメージの一新を図ることにした。かつてマツダを四輪乗用車メーカーに生まれ変わらせた軽自動車も完全に生産をやめ、マツダのバッジを付けた製品を他社から購入する、すなわちOEMビジネスに切り替えることにした。従来のラインアップ計画を徹底的に見直し、効率の芳しくないモデルを思い切って捨て去り、もっぱら小型中型の乗用車に経営資源を集中することにしたのだ。

こうして、従来の開発計画に大ナタを振るい、マツダ・ブランドを体現する新たなクルマづくりが始まることになる。その中に、販売部門の屋台骨を支えるべき二リッタークラスの乗用車カペラに代わるモデルも当然のことながら含まれていた。それに与えられた新たな車名はアテンザ。業界で言うところの〝C／Dセグメント〟、国内ではいわば中型車に属するクルマで、フォード傘下での経営再建過程で新しく定義されたマツダ・ブランドを具体的なかたちで世に問う第一号に予定されていた。それだけに、マツダにとっては失敗の許されないきわめて重要な製品だった。

実は、このアテンザの主査に指名されていたのが、他でもない金井誠太だった。

金井が主査に指名されたのは一九九九年八月。当時、金井の立場は車両先行設計部 部長。マツダ入社以来一五年間、もっぱらシャシー設計に携わっていたエンジニアだった。

金井はアテンザ開発の開始当初から主査を務めていたわけではない。実際には開発途中に行なわれた突然の主査交代劇、きわめて変則的な人事異動だった。いろいろな社内事情が重なって開発作業は大幅に遅れていたことが、金井が突然主査に指名された理由のひとつであったのかもしれない。発売予定時期二〇〇二年春までに残された時間にはほとんど余裕がない。そのうえ開発途中にブランドの定義に沿った開発方針の変更を余儀なくされたことで、ますます設計の時間が減っていく。金井自身も当初はその様子を第三者としてながめ、果たしてうまくいくのかと疑問を持っていたほどだった。そんな状況下での降って湧いたような主査指名は、金井にとって〝火中の栗を拾う〟という損な役回りとなる。

発売までの期間はわずかに二年半、実質的には二年。開発作業の遅れを取り戻すだけでも厳しい仕事であっただけでなく、このアテンザはさらに難題を抱えていた。それはコストギャップだった。

盛り込もうとする機能、性能があまりにも過大となり、それにしたがってコストが肥大化していた。その半面で、マツダの市場でのあまり芳しくない競争力をもとに算定された販売価格が、従来同様あいかわらず低いため、両者の間に大きな乖離=ギャップが存在していたのだ。ある企画担当者は言う。

「あのコストギャップは日本海溝よりも深かった」

こうした厳しい状況、リーダーにとって不可能にも思える状況を突破するにはどうすればよいのだろうか。ひとつはプロジェクトに関わるメンバー全員にロマンを持たせ、その実現に意欲的に取り組ませること。そしてもうひとつ必要なのは、そのロマン実現のためにあくまで冷静に現実を見据えて足もとを固めること、言い換えればソロバン勘定を忘れないことではないか。金井は、アテンザ開発の主な目標を次の二点に定めた。

一　新生マツダの第一号モデルとしてマツダ・ブランドの個性を具現化する

二　Dセグメントで世界のベンチマークと評価される製品にする。ブランドDNAで規定されたハンドリングで世界最高をめざす。

掲げたのは、「世界のベンチマーク」「世界最高」。このロマンを、コストギャップを克服して実現する、それが金井のメッセージだった。

それから二年半、二〇〇二年五月にアテンザは当初の予定通り、新生マツダ・ブランドの第一号モデルとして発売される。

一〇年先の〝飛んだ〟技術を語れ

こうしたアテンザという当時のマツダにとって重要な役割を担った新規モデルの主査を務めた経験があったことも手伝って、金井は、本章の冒頭にある二〇〇五年七月のCFT発足を喜んだのだった。そこで設定された一二チームのうちの六番目、CFT6の責任者に指名されたとき、金井は既視感をおぼえたのではないだろうか。だから指名は望むところだった。前回の対象はアテンザのプロジェクトに限られていたのに対し、今回は、それを全製品ラインアップに広げられるのだ。まさに願ってもないチャンスではないか。

冒頭で述べたように、二〇〇五年の井巻をはじめとする代表取締役三人から出された指示は、各部門それぞれの立場で、将来を見据え長期的に必要な経営資源に関して、具体的な展望を示せということだった。そこで金井はこの指示に応えるだけで終わらせずに、開発のありかたそのものを根本的に考え直す絶好の機会として活かそうと考える。言うまでもなく、六年前のアテンザ主査の立場から、常務執行役員としてマツダの経営全般に関われる立場に変わった今なら、開発に携わる人たちに対してマツダ車の将来を切り拓く開発の具体的な提案・提言を引き出せる、そしてそれをビジネスとして花開かせる能力を存分に発揮させせられるはずだ。金井が引き受けたCFT6の構成メンバーは技術研究所、技術企画、商品戦略、経営企画それぞれの組織を代表しているマネジャークラスの六人。もちろんこの六人の向こうにはあまたの開発エンジニアが控えている。

金井は彼らにこう語りかけた。

「君たちにロマンはあるか?」

ロマンとは何か、彼らが共通に抱くべきロマンとは何か。金井は言った。

「世界一のクルマをつくろう」

一〇年後、すなわち二〇一五年のマツダ車の姿はどうあるべきか。さらにその先の、将来にわたって追求すべきマツダ車の理想とは何か。その理想の姿を思い描けば、そこには必ず、世界一のクルマの姿が見えてくるはずではないか。

自動車会社で働いている開発エンジニアなら誰でも、世界一のクルマをつくりたいという思いを抱いて当然だ。しかし、思いは現実にならない場合がほとんどだ。その原因は、日々答えを要求されている目先の開発業務に終わりが見えず、思い描いていた理想がいつのまにか雲散霧消してしまうからだ。逆に考えれば、日々の業務の制約をなくせば、彼らは仕事に取り組む意識を〝世界一のクルマづくり〟に向けてくれるのではないか。金井はこう期待したのだった。

量産車の開発に携わっているエンジニアに対して、新しい技術の開発に与えられる期間は、通常、二年から三年間だ。したがって彼らは、新しい開発と聞かされたときには、まずこの期間で自分の仕事の実際を考える。二、三年間でものにした技術を詰め込んだ新型車が世に出るまでにはそれからさらに一、二年かかる。したがってゴールは合わせて五年程度先に設定される。彼らの一般的な仕事の視野・視程は概ねこの範囲に入っていた。二〇〇五年の時点では、せいぜい二〇一〇年までが彼らの視野に入っていることになる。

金井は、それを二倍の一〇年先、つまり二〇一五年にまで拡大しろ、そしてさらにはその先まで考えろと言ったことになる。

「そんな先の話、考えたことありませんよ」

当初、異口同音にこんな反応が返ってきたのは当然で、金井本人にとっては先刻承知の話。純粋にマツダ車を世界一にしたいという気持ちは誰にでもあるはずで、だからこそロマンを語れと促すことによって、その気持ちに火をつけようとしたのだった。

金井の問題意識は、いかにマツダの開発マインドの変革を達成し、マツダ車の劇的な質的転換を図るか、ということにあった。この問題意識を持った理由は、主に次のふたつだった。

走る喜びを支えるのはエンジン

第一に、マツダのブランド戦略と、自動車業界に対する社会的な要請との関係について、その整合性を図る必要性に迫られていた。

すでに述べたように、フォードの傘下でマツダのブランドDNAの定義が定められた。そのときマツダは、ブランドをひとことで伝えるために、あるキャッチフレーズも生み出していた。それこそが、金井が主査を務めて開発したアテンザが二〇〇二年に登場するとき用意されていた"Zoom-Zoom"だった。小さな子どもが初めて乗り物に乗ったときのワクワクする気持ち、それを表現したことばであり、これは今でもマツダの広告や宣伝に使われている。

このZoom-Zoomのイメージに合致した新生マツダを象徴する主力車種、アテンザ、アクセラ、デミオといったモデルの投入によって、低迷していた業績は回復、成長軌道に乗り始める。具体的には早期退職特別優遇プランを実施した二〇〇〇年度の一五五二億円という損失から、黒字転換、二〇〇三年度には三三九億円、二〇〇四年度には四五八億円の純利益を計上するまでになっていた。ところが、この数年間のうちに、自動車業界を取り巻く社会的な環境が大きく変わり始め、自動車の環境性能に対する消費者の関心が急速に高くなっていく。それを後押しするかのように、二〇〇二年度からいわゆる「自動車税のグリーン化」が始まる。すなわち、排出ガスと燃費性能に優れた環境負荷の小さな乗用車に対してはその税率を軽減するという特例措置の実施だ。

しかもこの特別措置に促されるように、ガソリンエンジンと電気モーターを組み合わせた新しい駆動システムを持つハイブリッド車や電気モーターだけで動く電気自動車がマスメディアに大きくとり上げられるようになっていった。

マツダは、Zoom-Zoomというキャッチフレーズのもと、その企業イメージが改善する方向にあったのは確かだった。とはいえ、こうした環境性能を重視する社会的な風潮とそれに呼応するような印象のハイブリッド車や電気自動車の登場によって、かえってマツダ車のイメージを損ないかねないという懸念も生まれてきた。とくに販売の現場からは、「Zoom-Zoomでは社会に害毒をまき散らすような印象を与えかねない。いつまでもZoom-Zoomだけで本当にいいのか」という声も聞こえてきた。

第二に、マツダ・ブランドの定義に沿って開発された初代の製品をやっと市場に投入したばかりであり、本当に自分たちが考えるマツダ・ブランドをフルに体現したクルマを開発するには課題が山積していた。この課題を克服して、緒についたばかりのマツダ・ブランド確立の仕事にエンジニアとして邁進する必要があった。

マツダのバッジを付けた乗用車の特徴は、エンジニアの立場からすれば、卓越したハンドリングと足まわりだった。Zoom-Zoomとは言うけれど、そしてまたこれを大人のことばで言い換えれば、走って楽しいワクワクする、とは言うものの、エンジンがZoom-Zoomか、と問われれば必ずしもイエスと答えられないと金井は思っていた。

それはこういうことだ。

フォードは規模の経済を追求する企業だ。大量生産を推進し、大量生産をすることによってコストを下げる。また開発した自社の技術やデバイスをその傘下のグループ企業全体で共通に使用して、世界規模でコストの低減を図る。この方針にしたがって、フォードは一九九〇年代後半、フォードグループ各社に対して、それから一〇年間使用できるエンジンの開発競争を仕掛けた。その前提となる生産規模はなんと年産一五〇万基。

彼らが要求したのは、世界最高性能のエンジンではない。フォードのクルマづくりには、製品や性能が「アマング・ザ・リーダー」つまり、市場で先頭集団に入っていると評価される製品をつくればそれで合格だ、なにがなんでもトップを狙うようなことをすればコスト増は避けられないのだから、あえてそこまでする必要はないという姿勢があった。クルマの心臓部であるエンジンの開発についてもその姿勢は変わらなかった。したがって、どちらかと言えば、一〇〇点満点の性能を追求するよりも性能は他社と競合できるのに十分な合格点を確保できてさえいれば、あとはコスト低減が優先という考え方で開発されたエンジンのほうが、フォードのお眼鏡にかなう。マツダはこのフォードグループ内のエンジン開発競争に勝つ。その名称はMZR。フォードグループ各社の小型車のエンジンとして世界中で生産されることになった。二〇〇二年以降、マツダの新製品に搭載されるエンジンの主力もこれになったのは言うまでもない。

金井はすでに述べたように、このエンジンを積んだ初代アテンザの主査だった。だからこそ、アテンザが市場でヒットしたとはいえ、エンジニアとしては不満が残る。Zoom-Zoomとは言うけれど、エンジンはZoom-Zoomか? トップの仲間入りをしているか?

自動車会社としてマツダが〝走る喜び〟を標榜するなら、その最大の課題はエンジンではないか。その〝走る喜び〟を支えるべきエンジンが、これまでのマツダ・ブランドの定義には欠落していた。

〃飛んだ〃技術を、五年でモノにしろ

「そんな先の話、考えたことありませんよ」

「まぁ、考えてくれよ」

こう答える金井はその頭の中で、ある計算を巡らしていた。


ロマンを考えそれを実行するためには、どうしても、ほぼ五年の単位で繰り返される従来の開発の流れを断ち切らなければならない。マツダには、二、三年とはいわず一〇年先の技術を考えている部署が存在している。技術研究所だ。そこでは一〇年先なら実現できそうなもの、他社が思いつかないようなものを考えてはいるものの、開発期間が長すぎて二年あるいは三年という短期間での製品化をめざした新技術の開発タイミングにうまくあてはまらないため、その大半がものになっていない。長い時間さえかければ、こうしたアイデアを現実のものにできるとするなら、今こそ、思い切ってそれに賭けるべきだ。それだけではない、さまざまな〝ネタ〟はマツダ社内至るところにころがっているではないか。「今からずいぶん先、一〇年も先の話じゃないか、それだけの余裕があればロマンを語れるだろう。きょう明日、どうこうしろと言っているわけじゃないんだから……。それとも

なにか、せっかくマツダに入って開発の仕事を与えられているのに、世界一のクルマなんかつくりたくない、とでも言いたいのか？」

案の定、その目論見通り、ＣＦＴ６では六人のリーダーを中心にして、マツダのあるべき姿、達成すべき技術についての議論が始まることになる。彼らの開発作業に対する心構えに変化が起き、エンジンをはじめクルマを構成する主な要素であるシャシー（車台）、ボディー（車体）、足まわり、駆動系などすべてを世界一にするという前提で考える空気が次第に醸成されていった。

「これまでマツダ社内で君たちが蓄積してきた既成概念、仕事の方程式をすべて忘れよう、頭にこびりついている開発に関わる制約をすべてはずせ。そして、理想の技術に迫っていけ」

ここまで言われれば、議論が活発にならないわけがなかった。二〇一五年までにはまだ時間がある、という気持ちの余裕も手伝って、しだいに議論は盛り上がり、いつの間にか開発エンジニア自身が、マツダ車の一〇年後のラインアップを思い描き、さらにはマツダのあるべき姿そのものにも議論を広げていった。

当初は、考えてみろという指示によるいわば受け身の議論だったものが、時間がたつにつれて、彼ら自身の「ぜひ、そうありたい」「なにがなんでもそうなりたい、そうしたい」という強い思いに駆られた、主体的で積極的な議論に変わっていく。

金井は言う。

「実に議論百出、さまざまなアイデアが飛び出してきた。しかし、〝今〟を基準にして考えた、つまり、今ここまでできているのだから、一〇年先にはこの程度にまでは到達するだろうといった安易なアイデアや提案はすべて、即座に否定しましたね」

金井が開発陣に求めたのは、一〇年後のマツダの競争力のあるべき姿を考え、それに具体的な答えを出すことだった。従来彼らが技術の検討をする過程でしばしば引き合いに出した他社との比較論や、ベンチマーク論（目標と決めた技術や製品との優劣を検討する）には一切耳を貸そうとしなかった。ときには思わず机を叩いて声を張り上げ、「そんな話は聞きたくない。みなが飛び上がるようなアイデアを持って来い！」。面と向かって怒鳴られたエンジニアもひとりやふたりではなかったという。

こうして一〇年先の議論が盛り上がりを見せ始め、うまくすれば各自が積極的に夢を語るような雰囲気が定着していく。実は、金井はこのときを待っていたのだ。

二〇一五年にマツダがあるべき姿に変貌するためには、そのときにマツダ車のラインアップが完成していなければならない。言い換えれば、アテンザ、アクセラ、デミオといった基幹車種は、ラインアップ完成のあかつきには例外なく〝みなが飛び上がるようなアイデア〟を具現化している必要がある。言うまでもなく、一度に、一挙に、すべてのモデルの新型車を出すことは不可能だ。新型車の開発と市場導入、マーケティングには時間がかかるのが世の常であり、したがって、ラインアップの切り替えにも何年間かの時間がかかる。したがって、二〇一五年を目標に置いたとき、モデルの切り替えは遅くともその二、三年前から始めなければ間に合わないのだ。

一〇年先の姿の議論で盛り上がっている開発エンジニアにこの事実を思い出させるために、金井はこのときを待っていた。盛り上がりの早い段階でこの事実を告げると、せっかくの議論の盛り上がりに水をさしかねない。だから水をさしても、影響がないと判断できるまで、逆に彼らを焚きつけていたのだった。策士である。

「君たちが開発しようとしている一〇年後のクルマの第一号は、遅くとも二〇一二年に発売する。したがって、開発の時間はその一年前の二〇一一年まで。つまり、君たちが開発するために与えられた時間は今から五年間だ」

議論を繰り返してきたエンジニアにとってはびっくりの発言だ。つい今までは一〇年あると思って議論していたのに、実際にはその半分の時間、たった五年しかない。彼らは、言ってみれば二階に上がって梯子をはずされた気分になった。それでも、与えられたのではなく、すでに、自分たちが主体的に考えた〝ありたい姿〟を実現するプロセスに入り込んでしまっている以上、もうあとには引けない。二階に上げられたのではない、自分から上がったのだ。引くに引けない。話が違うと言って引き下がったりすれば、プライドが許さない。これでかえって彼らのエンジニア魂に火がついた。

金井の計算通りだった。

加えて、五年、という開発期間を次のように考えていた。

新型車向けに新技術を開発する期間は、すでに述べたように通常、三年程度。五年という時間はそれよりも二年長い。この二年にこそ大きな意味があるのだ、と金井は言う。つまり、この追加した二年間に、飛び上がるような技術の可能性を探り、完成の道筋を考える。従来は、開発陣に対してこうした時間的な余裕が与えられず、常に時間的に切迫した状態で開発が行なわれてきたために、思い切った製品がつくれないまま終わっていた。その繰り返しが続くおかげで、開発エンジニアもそれが当然の仕事の様相だと思い込んでしまっていた。したがって、二年という時間を与えて、この制約を大きく取り除いてやれば、エンジニアには自由な発想を展開できる余裕が生まれるはずではないか。

万が一、残念ながら狙った技術の実現にめどがたたないと判断されたときでも、新車の開発にかけられる期間はまだ三年残っている。残されたその三年間のうちに、従来からの技術・アイデアに一層の磨きをかけ、間に合わせればよい。もちろん、当初の飛び上がるような新しい技術の搭載を断念した製品づくりになったとしても、ビジネス成立の最低要件を満たしてくれるに十分な新型車は完成するはずだ。

「君たち、最初の二年間は、何をしてもよい。何を失敗してもよい」

あらゆる制約をなくした、どんな発想をしようと自由だ、だから思い切って飛べ、自信をつけろ、それが金井のメッセージだった。

燃費性能の三〇パーセント向上を目ざせ

こうしてエンジニアの開発マインドに変革をもたらし、一〇年先にはマツダ車の劇的な質的転換を達成する可能性が多かれ少なかれ見えるようになった時機を見きわめると、マツダの経営陣は環境性能への関心をますます強めている社会に向けて、そして同時に社内に向けて、技術開発に取り組む姿勢についての新たなメッセージを発信する。

これが二〇〇七年三月に発表された技術開発長期ビジョン「サステイナブルZoom-Zoom宣言」だった。

実は、二〇〇五年五月に発足したあの長期戦略策定プロジェクトチームは、新たな中長期計画を検討するのと並行して、この「サステイナブルZoom-Zoom宣言」をまとめあげる作業にも取り組んでいたのだ。

この宣言に盛り込まれた最大のポイントは、二〇〇八年以降二〇一五年までの間に、世界中で販売する全マツダ車平均の燃料消費性能を三〇パーセント向上させるという目標だ。これは一企業の単なる努力目標ではなく、マツダの社会に対するいわゆるコミットメントだった。

この燃費性能三〇パーセント向上という数字に、世の中は驚いた、というより本当にマツダが達成できるのかどうか、半信半疑だったというほうがあたっているだろう。

当時、自動車業界では、燃費向上のための現実的であり有効でもある手段としてガソリンエンジンと電気モーターを併用するハイブリッド車に注目が集まっていた。ハイブリッド車は電気モーターを併用する分、ガソリンエンジンから出てくる排気ガスの量が少なく同時にその浄化に有利であったため、エコカーとして人気が高く、しかも先端技術のイメージも手伝って国内では販売台数を伸ばしていた。こうしたハイブリッド車だけを対象にした話なら、つまり、自社で生産している従来型のガソリンエンジン車の燃費性能を勘定に入れないでよいのなら、燃費三〇パーセント向上もそれほど困難ではない。

しかし、マツダは、世界中で販売するクルマすべてを合わせた合計台数の平均で、一台あたりの燃費を三〇パーセント向上させるというのだ。しかも、マツダにハイブリッド車は存在しない。つまり、駆動させる原動力がガソリンエンジン、あるいはディーゼルエンジンだけのクルマのすべてを対象に、その平均燃費を三〇パーセントよくする、と宣言したのだから、世の中の反応が半信半疑になっても無理はなかった。

マツダの論理はあくまで明快だった。

世界的な移動・輸送手段を動かすモバイルエネルギーの脱化石燃料化の動きが今後ますます活発になるのは当然のなりゆきだろう。しかし、今後も自動車の生産台数が増加するというトレンドが認められる以上、少なくとも二〇三〇年、四〇年あたりまでは化石燃料が中心であり続けることも十分に考えられることだ。そうだとすれば、自動車一台あたりの化石燃料の消費量を可能な限り削減することが社会の要請であり、それに応えることが自動車メーカーの使命であることに間違いはない。

ハイブリッド車が燃費向上に有効な製品であることは十分に理解できるものの、メーカーとしては、経営・開発資源を一点に集中して、従来のエンジン＝内燃機関の性能向上をめざすほうが、マツダの経営にとっては経済合理性にかなう。しかも同時に、マツダ車を購入する顧客すべての利益にもなる。ハイブリッド車の場合には、その同じブランドで内燃機関を積んだクルマを買う人にとって、ハイブリッド技術の恩恵はない。しかし、マツダは、顧客がどんなモデルを選んでも、その製品に搭載されているのは、常にその時点における マツダの先端技術、というビジネス環境をつくりあげたいと考えていた。言い換えれば、顧客が受ける先端技術の恩恵を、まだら模様にするべきではない、という考えだ。それが〝顧客の利益はマツダの利益〟ということなのだ。

内燃機関の性能向上によって、全生産車の一台あたり平均燃費を三〇パーセント向上させるという方針の背景には、こんな論理が存在していた。

ただし、この論理とは別のところで、マツダには、あくまで内燃機関に向かわざるを得ない事情が存在していた。すなわちハイブリッド車の開発に出遅れた、という事情だ。マツダがエコカー開発に無関心であったわけではない。むしろその反対だ。独自のロータリーエンジンに新たな機能を追加、ガソリンと水素どちらの燃料でも走れる乗用車を開発したり、電気自動車の開発を手がけたりしていた。しかし、他社のハイブリッド車が市場で予想以上に販売を伸ばし続け、それを後押しするようにエコカー減税が実施されているといった環境を目の当たりにすると、マツダも社会からのあるいは消費者からの自動車の環境性能に対する要請にできるだけ早く応える必要性に迫られていたのだ。ハイブリッド車の開発レースでは、すでに、いわば一周遅れの状態だった。したがって、開発をあくまで内燃機関に絞ってその環境性能の向上を図ったほうが、時間的にも資金的にも得策という判断に傾いたのだ。

クルマを生まれ変わらせる資金は賄えるのか

こうして、マツダが信じた論理のもと、二〇〇七年から同一五年まで八年の間に乗用車の燃費を三〇パーセント向上させるために、マツダは全社をあげて、エンジンから車体まで、乗用車を構成するすべての要素を一新させた製品を開発するという決断を下す。つまり、エンジンや変速機といったクルマを動かすいわば駆動システムだけではなく、クルマのあらゆる部分を総合的に基礎から検討し直し、総合的に環境性能を向上させるのだ。フォード出身経営者の時代、二〇〇一年から二〇〇三年までの三年間に経営の立て直しをかけて市場に投入したアテンザ、アクセラなどの新しいモデルを開発したとき以上の、それは劇的な変革になった。

言うまでもなく、クルマ全体をすべて生まれ変わらせるほどの変革を目ざそうとすれば、それなりの資金が必要になる。当時のマツダには、このための資金を捻出するだけの余裕があったのだろうか。

結論から言えば、あった。というより、捻出できる見込みがあったという表現のほうがあたっているかもしれない。

二〇〇一年度、マーク・フィールズが主導したマツダ中長経営期計画「ミレニアムプラン」に沿ってマツダを本格的な成長軌道に乗せる作業が始まったことはすでに述べた。このミレニアムプランが予定通り四年で終わると、二〇〇三年から社長に就任していた井巻が「マツダモメンタム」という中期計画を策定し、二〇〇四年度からの三年間で営業利益一〇〇〇億円以上、連結出荷台数一二五万台、純有利子負債自己資本比率一〇〇パーセント以下を目標に掲げる。金井が「ロマンを語れ」と言った二〇〇五年はちょうどこの時期にあたる。この中期計画によって経営は順調に推移、連結出荷台数こそ一一七万七〇〇〇台とわずかに目標値に届かなかったものの、営業利益は一五八五億円、純有利子負債自己資本比率は四九パーセントと、前者は目標の五〇パーセント以上、後者も目標の五〇パーセント以下となり、文字通り合格点以上の実績をあげる。

製品ラインアップについても、ミレニアムプラン時代に市場に送り出した基幹車種の基本設計を活用して開発した派生モデル=ベリーサ、プレマシーなど七車種=が好調で経営に勢いを与えていた。ちなみに、ベリーサは、一一年たった二〇一五年夏の時点でも依然としてモデルチェンジなしという、今どきの乗用車としてはきわめて珍しい息の長さを誇っている。したがって、その後の事業の見通しも明るく、一九九六年から続いてきた経営の危機から脱していよいよ本格的な成長を目ざせるという空気が流れていた。金井の守備領域である研究開発費も二〇〇四年の九〇八億円から〇五年九五七億円、〇六年には一〇七六億円と上昇トレンドに乗っている。

サステイナブルZoom-Zoom宣言が出されたのは、まさにこうした数字を背景にしたものだった。

内燃機関で本当に燃費三〇パーセント向上はできるのか? 突然、燃費をよくしろと要求されて、はい、それではなんとかします、と言ってできる話なら誰も苦労はしない。ハイブリッド車ができないマツダの、なにかしらの時間稼ぎではないのか？　こんな批判的な視線を感じながらも、マツダの経営陣はその決断を変えようとはしなかった。

それどころか、本章の冒頭で紹介したマツダモメンタムの次に来るべき中長期計画策定の作業は、この技術開発が成功することを前提に行なわれたのだ。マツダの経営陣が二〇〇七年三月に打ち出した新中期計画は「マツダアドバンスメントプラン」と名付けられていた。計画が終了する二〇一〇年度までの四年間における目標数字は、グローバル小売り台数一六〇万台以上、連結営業利益二〇〇〇億円以上。二〇〇六年度実績比で前者は三六パーセント以上増、後者は二六パーセント以上増となる。もし、一六〇万台という数字が達成できれば、過去最高の数字だった一九九〇年を上回り、文字通りマツダが新たな成長軌道に乗ったことを意味することになる。

それだけに金井を筆頭とする開発陣に対する経営陣の期待は大きく、そしてその分、彼らの負った責任は重大になった。

こうした経営環境のもと、金井はどのようにして開発エンジニアとともにロマンを語り、そして経営者としてソロバンに合う答えを出したのだろうか。

3

「独自開発の道がフォードのお墨付きで開けた」

二〇〇五年七月のある日、商品企画ビジネス本部長の藤原清志は常務執行役員・金井誠太の執務室に呼ばれた。藤原は、このわずかひと月前に二年間副社長を務めていたマツダの欧州法人マツダモーターヨーロッパＧｍｂＨ（略称ＭＭＥ）から日本に帰って来たばかりだった。

なぜ呼ばれたのか、藤原にはすでに察しがついていた。

「例のクロス・ファンクショナル・チームの話だ。私はその中のひとつ、ＣＦＴ６というチームの統括を任された。そこで藤原君には、このチームのリーダーを引き受けてもらいたい」

藤原は二つ返事でこの要請を受けた。

ＣＦＴ６は、販売や経営などの分野ごとに一二あるクロス・ファンクショナル・チーム、すなわちＣＦＴの中で、研究開発分野の検討を任されたチーム。このチームの中核に、技術研究所、技術企画、商品戦略、経営企画などから集まったマネジャー六人がいたことは、すでに紹介した通りだ。金井は、このチームにその中心を占めて「ロマンを語れる」人物が欲しかった。この年の春に発足したＣＦＴ６にはすでにリーダーを務める人物が指名されていた。ただしその人は、実務型でいわばソロバン系の堅実なエンジニアであったため、金井はその堅実さとのバランスを取るために、ロマンを語れる人物を求めていた。この藤原こそ、いわゆるネアカ、そしてよい意味で挑戦的な性格の持ち主であり、金井の求めるロマンを語るという役回りにふさわしい人物だと踏んだのだった。

次世代のマツダ車の姿を共に描こう

金井は一〇歳年下の藤原のことはよく知っていた。かねてから、自分と共通の問題意識を持っている人物だと思っていた。というのも、フォードがマツダの経営を主導していた時期、両者ともに、当時のブランド・製品戦略に従って開発が進められた基幹車種の主査を務めた、いわば〝戦友〟だったからだ。金井が初代アテンザの主査を務めていたことはすでに述べた。実は藤原も、そのアテンザから三カ月あとの二〇〇二年八月に発売されたマツダの基幹車種のひとつであるデミオの主査だった。つまり、マツダの経営再建を果たすための新型車の開発に携わった時期がほぼ重なっていたのだ。どちらのモデルも新たに定義されたマツダ・ブランドを具現化する製品として期待されていただけに、ふたりはフォードが主導する経営のもと主査として多かれ少なかれ同じような苦労を味わっていた。その意味で、担当していたモデルは違っていたものの、金井と藤原には互いに相通じるものがあった。

藤原はデミオ発売の翌年、二〇〇三年の三月にドイツにあるMMEに赴任していたため、広島に戻ってきたのは二年ぶりだった。結果的に、このドイツにおける二年間の経験が、藤原に新しいCFT6の仕事に大いに役立つ貴重な財産を与えてくれることになった。

MMEでの肩書は副社長、ヨーロッパ地域の開発責任者という立場だった。このMMEはいわばマツダのミニ本社と呼んでもよいような存在で、製品の企画、デザイン、技術調査を行なうと同時に、車両の性能評価を行なう実研部隊も持っている。ないのは本格設計部隊だけという組織だ。

開発車や試作車、現行モデルのテストを行ない、本社にフィードバックをするのもMMEに与えられた重要な仕事だった。藤原は、マツダ車を日常の足として使うことはせず、努めてヨーロッパのプレミアムブランドと言われているアウディやBMW、メルセデスといったバッジの付いた乗用車に乗っていた。それらとマツダ車との違いを実感する毎日を過ごすことによって、マツダ車の課題が次々と頭の中に蓄積していった。ときには、イタリアのある企業の施設が備えている風洞実験装置にまでマツダ車を持ち込み検証し、その解決案を本社に提案するようなことも試みた。

こうした検討結果を踏まえて、広島の本社にさまざまな提案をしていたものの、残念ながらそのすべてに本社が満足のいく反応を示したり開発に反映したりしてくれたわけではなかった。

藤原は本社から返ってくる反応が鈍くても芳しくなくても、広島の〝お家の事情〟がある程度わかるだけにそれほど疎外感や挫折感を感じることはなかった。むしろ、自分が広島に帰ってから自らの提案を実行すればよいだけの話、と前向きに考えていた。

充実した日々だった。それが証拠に、ドイツで一年半余りが経過したとき、通常なら二年となっているドイツでの任期をもう一年延ばしてほしいと広島に要求するつもりでいたほどだった。予定の任期が終わるのを目前に控えた二〇〇四年の暮れごろには三年目突入に備えて新しい住宅まで物色していた。ところが、本社はその意向を知ってか知らずか、藤原を広島に戻す。それが二〇〇五年五月のことだった。

もうひとつ、藤原が本社に帰りたくなかった理由があった。それはドイツ赴任に至る経緯だった。本人はこんな風に振り返っている。

「二〇〇二年に発売したデミオは大失敗、だからクビになってドイツに飛ばされた、そういうこと」

二〇〇〇年前後に務めたデミオの主査は藤原の意識からすれば、ある意味では〝貧乏クジ〟だったのだ。

この経緯そのものがCFT6以降の藤原の開発に臨む姿勢と密接に絡んでいるので、もう少し踏み込んでおきたい。

二〇〇二年八月の新型デミオ発売から三カ月後、国内営業本部から販売不振の責任を追及されている。せっかくの新車が、国内の業界販売台数一〇位以内を狙っていたにもかかわらず低迷、発売を開始した八月から一一月までの四カ月平均月販台数は約六一〇〇台。前年二〇〇一年に記録した旧型デミオの平均月間販売台数約五一〇〇台と比較すると、新型のデミオの販売で、お世辞にも新車効果が出ているとは言えなかったのだ。これには当時の社長ルイス・ブースも業を煮やしたらしく「今年中になんとしても車種ごとの国内販売台数ベスト・テンに入れろ！」と厳命が下ったというほどだった。当の藤原は反対したものの、購入者のターゲット層を性能重視の男性層から日常の使い勝手を重視する女性層に変更。これに伴い、宣伝に女性タレントを使ったり、ボディー色にピンクを加えたりとさまざまな手を打ち、なんとかベスト・テンに押し込んだ。藤原に言わせれば、この計算違いの原因をつくった〝張本人〟が主査である藤原自身であり、これがドイツ赴任の引き金になった、というわけだ。

発売したばかりのデミオがこれほど厳しく〝責められる〟のにはそれなりの理由があった。実は、デミオは一九九六年、フォードがマツダの経営に本格的に乗り出したまさにその年の八月に初めて発売された新しいモデルだった。一・五リッターのエンジンを搭載した五ドアハッチの〝ミニミニバン〟で、そのスペース効率のよさが評価されて大ヒット、国内で着実に月々一万台以上の販売を続け、九八年三月には一万四二五〇台を記録、経営不振にあえいでいたマツダのいわば孝行息子的な存在となった。それだけにとくに販売サイドからは新しいデミオに孝行息子の再来を期待する声が大きかったのだ。その期待が裏切られたとなれば、それが大きかった分、反動も大きくなる。

しかし、藤原にはデミオについて、自分の力の及ぶ限りのことはした、決していいかげんな仕事などしていない、という自負があった。なぜなら、デミオの基本設計は九六年のデミオの場合と変わらず、またしても、いわばフォードからの〝あてがいぶち〟であり、それをなんとかかんとか国内でも売れる製品に仕上げるだけでも一筋縄ではいかないのに、そのうえさらに、マツダの新しいブランドの定義をも感じさせるクルマにまでまとめあげろという〝無理難題〟に近い要求に応えるのは、誰にでもできる仕事ではなかったからだ。

〝あてがいぶち〟とはつまりこういうことだ。

フォードは、デミオの開発にあたり、フォードがそのグループのために設計した世界共通のプラットフォーム（車台：自動車の基礎的な骨格）をベースにするよう指示してきた。具体的には、彼らが持っている小型車フィエスタの基本設計を可能な限り活用しろ、という意味だ。藤原はこの開発条件に頭を抱える。最大の難問は、フィエスタとデミオではハンドルやアクセルペダルをはじめとする運転装置の位置が左右、全く異なることだった。左の運転席＋運転装置を右に持っていくには、大改造が必要だ。まずハンドルの位置、アクセルやブレーキなどのペダル類、エンジンルームにあるブレーキ装置などの左右の位置変更など、数え上げたらきりがない。しかもマツダは小さなクルマにも手動の変速機を積むのを当然と考えているにもかかわらず、フォードの基本設計では自動変速機以外載せられないのだ。

とにかく制約だらけだった。フォードグループにとっては共通化の徹底による効率的な経営の追求ではあっても、マツダの立場からしてみれば、およそ効率的とは言えず、したがってコスト低減が困難で収益性もそれほど期待できないような開発条件になってしまっていた。それでも藤原は、厳しい制約のもとで新しく定義されたマツダのブランドメッセージをこの新型デミオでも体現しようと、奮闘する。そのために、一九九八年から二〇〇〇年まで開発初期の二年あまりにわたって、藤原の言を借りれば〝フォードと大バトル〟を演じている。このバトルを繰り返しているときはひと月のうち三週間を海外出張に費やし、広島にいるのは一週間という生活が続いた。広島にいても会社の構内で夜を明かすこともしばしばで、おかげで家族となかなか会えず、体重も激減したという。

そうした苦しい過程を経ながらも、しだいにフォードの考え方がよく理解できるようになっていく。彼らの考え方がわかれば、その理解を踏まえて今度はフォードグループの中でマツダが生き残るための方策も見えてくる。これが藤原にとって後々の大きな財産になっていった。

金井の「リーダーに」の要請を二つ返事で受けた背景には、デミオの主査としてフォードと長期にわたって繰り返したかつての〝バトル〟、そしてその後二年あまりのドイツMMEにおける副社長としての仕事と課題の再発見があった。藤原はこうした経験がCFT6に存分に活かせると考えた。こうして二〇〇五年七月二三日、そのリーダーとしての日々が始まった。

ビジョンは何か、世界一のクルマとは何か

すでに述べたように、経営陣の指示のもと経営企画の部隊から示されたCFT6のミッションは、研究開発の分野についてどのような資源が必要なのか、所要の資金量はいくらになるのか、どんな人材を集めればよいのか、という具体的現実的な議論をまとめ、長期的な経営資源について報告をすることだった。これを次期経営計画アドバンスメントプラン策定のベースにしよう、というのが経営陣の描いたシナリオだった。

金井は言った。

「何をするかを具体的に決めていないのに、経営資源の強化策を考えろというのは、議論がひっくり返ってはいないか？　第一、彼らの話にはあまりビジョンが見当たらない。われわれがまず考えなければならないのは、何がしたいか、だろ、違うか？」

藤原もこの意見には全く異論がなかった。

会社として何がしたいのか、そのビジョンが存在するにしたところで、自分たちにはそれがどうもよく見えてこないのだから、いっそのこと、この際、われわれ自身が何をしたいのか、という議論から始めるべきではないか。

幸いなことに、当時のマツダにはこうした議論をするだけの余裕があった。というのも、

業績が順調に推移していたのだ。前年の二〇〇四年度から始まった三年間の中期経営計画「マツダモメンタム」の目標（年間連結出荷台数一二五万台、営業利益一〇〇〇億円以上、純有利子負債自己資本率一〇〇パーセント以下）のうち後者の二件については二年目の二〇〇五年の半ばにしてすでに達成のメドがたつほどだった。会社の経営が不振に陥っているときならともかく、好調な経営状態が続いている今なら、余裕を持って議論ができる。そんな空気も感じられた。

したがって、藤原も、金井の「当面、経営企画からの宿題はしばらく横において、どんなマツダ車を開発したいのか、そのロマンを語るところから始めよう」という提案に賛成したのをよいきっかけだと考え、同時に、このＣＦＴこそ長年描いてきた自らの夢を追求する絶好のチャンスだと捉えていた。

実は、藤原には、すでに紹介した二〇〇三年からの二年間のドイツ赴任時代以前にも、同じくドイツに赴任していた時期があった。一九八八年からの四年間だ。その当時は、マツダ車はいくらひいき目に見てもヨーロッパのクルマに負けていると認めざるを得なかった。しかし、二〇〇三年、二度目にドイツにＭＭＥ副社長として赴任した当初は、金井が主査を務めて開発されたアテンザなら昔のマツダ車と違って、いい勝負をするはずだと思っていた。ところが勇躍して実際にアウトバーンを走らせてみると、期待に反してその思いは疑問に変わる。残念ながら彼我の違いを感じないではいられなかったのだ。

「あれ？　こんなはずじゃぁ……」

時速一二〇キロ程度の速度までは非常に安定している。ところが、一四〇キロを超える高速域になるとしだいにほころびが見え始める。一方のドイツ車は、一四〇キロを超えると逆に姿勢が安定する。しかも雨の日になると、この違いがますますはっきりと感じられてしまうのだ。

それだけではない、高速域での走行を続けると、燃料消費の面でもドイツ車に比較して明らかに見劣りする。燃費に大きな差が出る現象の原因は明らかだった。原因のひとつは空力特性にあった。当時、マツダ車と競合するカテゴリーの乗用車で、車体の下側にアンダーカバーまでつけて空気を整流していたのはＢＭＷだけ。空気抵抗が大きければ燃費が悪くなるのは理の当然だ。もうひとつの原因は、排気ガスを清浄化する装置＝キャタライザー＝の温度上昇を防ぐための対策が燃費性能に対しては悪影響を与えていたことだった。アテンザの場合、高速走行を続けると排気ガスの温度が上昇することによってキャタライザー自体が高温になる。するとその内部にある貴金属の温度を上げて溶かしてしまうため排気ガス浄化の機能が低下してしまう。この現象を防ぐために燃料の供給量を増やすことによってエンジンの燃焼温度を下げ、そこから排出される排気ガスの温度も下げるという対策をしていたのだ。ドイツ車はこの対策をしていなかった。なぜなら、高速走行による高回転高負荷になっても理論空燃比（理想に近いとされる燃料と空気の混合比）でエンジンが動作する領域が広いため、排気ガスの温度が貴金属を溶かすほどまで上昇しないのだ。だからこの種の対策を施す必要がない。

ただし、マツダ車の名誉のために付け加えれば、国産車の場合には、国内での燃費性能競争に対応する必要に迫られ、その対策を優先しなければならないという事情があったのも事実だ。時速一〇〇キロが法定速度の上限である国内では、時速一二〇キロ以上での長時間走行はことさら重視しなくても、それほど問題はない。むしろ、時速一二〇キロ以下での燃費性能の向上を図るほうが、顧客の利益にもなる。したがって、プラス二〇キロの余裕を見た時速一二〇キロまでの範囲での燃費性能がそれ以上の速度域よりも優先されていたのだ。

とはいえ、日本国内の事情はあくまで地域固有の事情に過ぎない。マツダ車もこうした弱点を克服しない限り、勝てない、世界一になれない。マツダのブランドメッセージにもするほど得意としている足まわりやハンドリングがいくら優れていても、クルマの心臓部であるエンジンがそれにふさわしくなければ、話にならない。つまり、世界一になるためには、世界一のエンジンをなんとしても開発しなければならないのだ。それには、マツダがフォードグループに供給している現行のMZRを改良するだけでは通用しない。全く違った発想でエンジンを開発しなければ、世界一になれないだろう。藤原もドイツの地で、金井とは別の立場から、こうして世界一になりたいという思いを募らせていたのだった。

世界一のクルマをつくりたい、そうすればヨーロッパの名だたるプレミアムブランドのクルマと互角かそれ以上の勝負ができる。いやいや世界一のクルマさえつくれれば、文句なしに打ち負かせるはずではないか。藤原はこのようなロマンを膨らませる一方で、マツダが現実の世界で直面する大きな課題を忘れてはいなかった。

藤原がドイツにいた二〇〇五年、COP3（一九九七年一二月に京都で開催された気候変動枠組条約第三回締約国会議）で採択された京都議定書が発効する。これを契機にEU（欧州連合）では乗用車の排出ガス規制強化の動きが顕著になり、二〇一二年には一企業の製造する乗用車の二酸化炭素（CO_2）排出量が、全製造台数を対象にその平均で一キロあたり一三〇グラム以下に定められると予測されるほどになっていた。この非常に厳しい数字に藤原は危機感を抱いたという。というのも当時、市場に投入されたばかりのトヨタのハイブリッド車、プリウスでさえ一キロあたりのCO_2排出量が一〇〇グラムを切っていなかったからだ。つまりハイブリッド車を持つトヨタでさえ、全生産車の平均値となれば一三〇グラムという数字は容易ではないと思われるのだ。ましてマツダはこの厳しい規制をエンジン単体でクリアしなければならない。

金井にしても藤原にしても、それまでのざっと一〇年間は、窮屈な思いをしながら開発を続けてきた。フォード主導のもとでは、そしてマツダの経営状態のもとでは、どちらかと言えばビジョンよりもソロバンが優先だった。しかもフォードの経営者は本来その企業姿勢として、大衆的な価格で大量に自動車を販売することを重視していた。これは、世界一のクルマづくりというよりも、ソロバンに合うクルマづくりという視点だと言える。したがって、マツダとしては、このようなフォード流のソロバン思考重点主義を尊重しながらもそこからなんとかして脱却しない限り、世界一は望むべくもない。それができなければ、二〇一二年の厳しい排出ガス規制をクリアし、なおかつ世界一の性能を発揮するようなエンジンはとうてい無理だ。またそれができなければ、その先にある世界一のクルマもない。さらにはマツダ車の将来ビジョンも見えてこない。

藤原はこうした認識をＣＦＴ６のメンバーと議論し、共通の認識を醸成していく。そのうえで、直近の一〇年間にわたって続けてきた自分たちのクルマづくりを見直すことから、フォードグループという条件のもとにおけるマツダの生き方をあらためて探る作業に入っていた。

ヒントはフォード主導時代のマツダ車にあり

一九九六年以降の一〇年間にマツダが生み出した基幹車種は三種。二〇〇二年五月発売の二リッターで四ドアの車型が中心のアテンザ、二〇〇二年八月の一・五リッター以下の小さなエンジンを積む五ドアハッチバックのデミオ、そしてこの二モデルに続いて翌年二〇〇三年の一〇月に発売されたこの両車の中間に位置するアクセラだ。Ｃ／Ｄセグメント、ＣセグメントそしてＢセグメントというクルマの各カテゴリーをこの三車種でカバーしていた。どれもマツダの新しいブランドメッセージに沿って同じ時期に開発されたとはいうものの、各車の開発過程はマツダの意志とは関係なく三者三様であり、それらがもたらした成果も一様ではなかった。

まずアテンザ。このモデルは、フォード傘下となる一九九六年以前からマツダの新しい上位機種としてすでに開発が進んでいたため、他の二車種の場合とは違い、フォードグループが持っていた、いわゆる共通のプラットフォームを使わないマツダオリジナルの設計が基本だった。そのおかげで、開発途上でマツダ・ブランドの定義が一新されたときも、それを体現する方向で比較的柔軟に開発する素地ができあがっていたのだ。ただし、開発の方向性はよいとしても、主査の金井は大きな問題を抱え込んでいた。それが第二章で触れた目標価格と製造コストとの乖離だった。あの「日本海溝よりも深いギャップ」だ。これは難題だった。フォード出身の経営陣は金井に対してこの乖離の解消をしつこく迫っていた。ソロバンにうるさいのがフォード流だ。二〇〇〇年前後、ほぼ並行して開発が進んでいた基幹三車種の主査の中で、経営陣からしばしば〝コスト未達〟として怒られるのは金井と相場が決まっていた、と藤原は当時を振り返っている。それでも限られたコストの中で金井本人は最大限、マツダの志を具現化しようと奮闘していた。そのかいあって、新生マツダ・ブランドを体現するにふさわしい初の製品になり、優れた足まわりやハンドリングが市場で高く評価され、発売年度の六月から翌三月までの一〇カ月間で約一六万台を生産するヒットモデルとなった。

次にデミオ。マツダオリジナルと言えるアテンザと違い、このモデル開発の条件は、フォードがフィエスタに使用しているグループ共通のプラットフォームを使用することだった。これにはフォードなりの理屈があった。それはコンパクトカーの分野におけるフォードの成功体験から導き出された考え方だった。一九九六年秋に全長三・七メートル足らずのKaという低価格モデルを発表したところ、欧米市場で販売が好調に推移した。フォードは、このKa成功の要因が、フィエスタのプラットフォームを流用し、なおかつ、そこに使用する駆動装置を一種類に絞り込んだ単純明快な設計と製品づくりにあると分析していた。つまりエンジンは一種、これに組み合わせる変速機も手動のものが一種、絞り込んだ結果、消費者に歓迎されヒットにつながったと考えていた。そこで、マツダ車にもこの設計思想をそのまま応用すればうまくという計算を働かせたのだった。この計算のおかげで、主査に指名された藤原がフォードとの〝バトル〟に苦しみ、さらには予期しない販売の見込み違いが生じ、国内営業本部とぎくしゃくしたことはすでに述べた通りだ。

アクセラはどうか。アクセラは、アテンザともあるいはデミオとも異なる開発過程をたどっている。

アクセラはドイツのフォルクスワーゲン・ゴルフと同じカテゴリーのCセグメントに属

するクルマであり、そのコンパクトなサイズと経済性から世界に市場を広げ続けている製品だ。それだけに競争は熾烈で、自動車メーカー各社にとって非常に重要な存在になっている。その難しい市場に投入するアクセラの本格的な開発は二〇〇〇年三月に始まった。ただし、そのプラットフォームは、当時すでに存在しているフォードグループ共通のそれではなかった。フォードはこのセグメントに向けて、同じ時期にグループ各社からそれぞれのバッジを付けた新型車を効率的に導入する意図から、各社共通のプラットフォームを開発すると決めていた。

そのために発足させたのが〝C1テクノロジーズチーム〟で、このチームの構成要員としてマツダ、欧州フォードそしてボルボ三社から各社五〇人ほどのエンジニアが、チームの拠点を置いたドイツのケルンに集結した。この開発が特徴的だったのは、開発の対象となったプラットフォームは、「各社共通で使用しながらも、かなり柔軟性に富んだ製品開発ができる」という考え方のもとで進められたことだった。したがってこの考え方に沿ってできあがったプラットフォームには、その構成部品をおもちゃのレゴ・ブロックのように、組み合わせられる柔軟性が確保されていた。おかげでこの三社は、フォードの共通プラットフォームをほぼそのままコピーして使用するというグループお定まりの開発条件から解放されたのだった。

マツダもこの〝レゴ・ブロック〟プラットフォームのおかげで、フォードグループ共通とはいいながらも設計の自由度が大きかったため、アクセラに独自の個性を反映できた。このケルンでの共同開発作業はマツダにとって貴重な経験となったばかりでなく、共通化することの有利な側面も具体的に理解するよい機会にもなった。

たとえば、開発資金の面をとってみても、当時アクセラの主査を務めた谷岡彰によれば、マツダが負担した開発コストは約六〇〇億円、しかし、マツダ単独でアクセラを開発した場合には一〇〇〇億円でもまだ足りなかったという。

こうした開発過程を経たアクセラは、ヒットモデルとなる。発売の翌年、二〇〇四年度の一年間で約三三万七〇〇〇台を生産、これはマツダの年間総生産台数約一一二万台の三〇パーセントにもあたる。言い換えれば、マツダが生産するクルマ一〇台のうちおよそ三台がアクセラが占めていた。マツダ車の中で抜きんでた数字であり、まさにマツダの稼ぎ頭となったのだ。

ちなみに、このレゴ・ブロック的共通プラットフォームをベースに、欧州フォードはフォード・フォーカス・C‐マックス、ボルボはS40／V40をそれぞれ生み出している。

〝タテの共通化〟こそ、マツダ製品開発の道

藤原をはじめCFT6のメンバーは、まず、一九九八年ごろから二〇〇二年にかけて、この基幹三車種がたどったこうした開発の過程をあらためて振り返り、そこからマツダの方向性を考えるヒントをつかもうとした。

アテンザは成功した。その理由は何だったのか。

アテンザはマツダオリジナルの設計をベースにして、その開発にそれまでのマツダにはなかったフォード出身の開発担当役員の発想を取り入れた。そのうえでお互いに意見を戦わすことによって新たに定義したマツダ・ブランドのクルマの個性＝足まわりとハンドリング＝を十分に感じられるクルマづくりをめざした。結果的に、開発の過程でマツダが本来抱いてきたクルマへのこだわり、それにフォードの操縦性を向上させる発想、さらにソロバンを忘れない厳しさが一体となり相乗効果が生まれたのだ。これが成功の要因だった。

次にアクセラはどうだったのか。

チームが大いに注目したのは、例のCセグメントの共同開発現場で見せた、ボルボが示

した姿勢だった。フォードグループ内で定義されたボルボの個性は「ゆたかな感性」「こだわり」「安全」だった。この定義に沿ってボルボの開発陣は、安全と北欧デザインに徹底的にこだわり、終始独自の主張を貫いていた。その結果が市場でデザイン性を高く評価されたS40（四ドアセダン）、V40（五ドアワゴン）だった。基本設計を共同で行なったにもかかわらず、アクセラとは印象も性格も異なる乗用車に仕上がっていたのだ。グループ内のブランドの数はマツダを含めて八種。その中でいかにしてきわだった個性を発揮するか、このボルボの手法はマツダのエンジニアにとって大いに参考になった。

〝わくわくする走り〟を表現しているマツダ・ブランドのメッセージ、Zoom-Zoomを主張するだけでは、市場全体以前にフォードグループ内での存在感すら希薄になってしまう可能性があることにも気づかされた。というのも、クルマの運動性能に対する考え方がフォードのそれと似かよっているために、マツダが独自の個性をきわだたせるのが難しくなったからだ。アテンザの開発で見られたように、フォードから広島にやって来た開発担当の優秀な経営者が参画していたのだから、それも当然だった。そのおかげでアテンザをはじめ各モデルの性能のレベルが上がったのだった。さらに彼らはフォードに戻ってからも広島にいたときと同じような方向性で開発を手がけている。だから似かよっていたとしても全く無理はない。しかし、だからこそ、マツダはより一層個性を光らせ、きわだった特徴を持たなければ、グループの中で埋没してしまうのではという懸念を抱いていたのだ。

したがって、アクセラ開発のとき共同で仕事をしたボルボの姿勢は、チームにとって貴重なヒントになっていた。具体的には、フォード流のソロバン重視の考え方と、ボルボのような個性重視の考え方との狭間で、独自の方向性を見いだすことの重要さをあらためて理解した。開発しているモデル個々の機能や性能に注力するだけでよしとせず、マツダ車全体として捉えたときの見地から、各モデルで何を主張するのか、何をゴールにするのかを明確にすること。これが次のマツダ車開発の課題であることが見えてきた。

デミオの開発プロセスからも重要な課題が見えてきた。

それは共通化を重視するフォードグループの中にあって、製品の構成部品の共通化を推し進めるのはマツダにとって果たして有利なのか、あるいは共通化にどんな積極的な意味があるのか、それを見きわめ、マツダとしての最適値を求めることだった。

デミオの場合、主査の藤原はすでに述べたようにフォードからグループ共通のプラットフォームの使用を指示されていた。当時の自動車業界では、規模の経済を活かして利益を最大化するために、製品を構成する部品を可能な限り社内あるいはグループ内で共通化することが常識のようになっており、同時に世界的な潮流でもあった。エンジンや変速機といった機能部品はもちろん、ドアのような成型品もその対象とされ、フォードグループも、こうした共通化の施策を積極的に推進していた。

この観点からすれば、確かに、前述のアクセラの場合をとってみれば、フォード、ボルボそしてマツダの三社が共同で共通のプラットフォームを新規開発することによって大幅にコストが下がったのは、主査の谷岡も認めているように事実であり、目論見通り規模の経済が有効に働いたことになる。ところが、デミオの場合には、必ずしもこれがよい結果をもたらしたとは言えなかった。

第一に、藤原の立場からすれば、あのデミオの開発過程で経験したフォードとの〝バトル〟が、フォード流の共通化を推進することとの有効性を示しているとは思えなかった。確かに、グループを統括するフォードの視点からすれば、合理的ではあっても、その一員であるとはいえ、生産規模の小さなマツダの視点からすれば、必ずしも合理的とは言い切れないのだ。

そこでチームは、次のような議論をする。

同じ共通化でも、アクセラとデミオの場合には開発の環境も条件も異なっている。したがって、製品のまとめ方にも違いが出る。

共通のプラットフォームを使っても、モデルや地域ごとに要求される仕様が異なるので、それに合わせて搭載するエンジンや変速機といった大物でさえ変更をする必要に迫られる。手を加えないですむことはなく、その地域だけで使用する固有のエンジンを世界共通のプラットフォームに載せるのは、かえって効率が悪くなってしまう。デミオがまさにこの例だった。日本国内向けのデミオには、小さくて軽い国内専用の一・五リッターエンジンを独自に開発した。しかも、この一・五リッターエンジンでさえ、デミオ用とアクセラ用では製品の性格・狙いが異なるため、基本的には同じエンジンとはいうものの、その構造を完全に共通化できなかった。

デトロイト流〝横の共通化〟に惑わされるな

もちろんマツダはフォードグループが推進する共通化の考え方に貢献している。世界のグループ各社で共通に使えるエンジンMZRを開発したのがそのよい例だ。しかし、その生産数量年間一五〇万基とは言っても、米国、欧州、中国、日本で使っている部品は必ずしもすべて共通というわけではない。個々の部品を見ると、おそらく共通なのは地域ごとの二〇万基三〇万基の単位ではないか。この程度の数字だとすれば、ことさら部品を共通にする意味はない。二〇万、三〇万の単位で、あるいは地域ごとに、その経済合理性を追求すればよいのだ。もっとも、アクセラのプラットフォームのように開発の効率化という意味ではそれなりにメリットがあることも事実ではあるが。

そもそも、フォードという企業が熱心だったのは、グループ内の企業が点在している地域を睨んだ〝横〟の共通化だった。その根底にあるのは、世界的に類似の製品を効率よく大量に生産し販売するというフォード流の思想だった。

この合理的な考え方はそれなりに理解できる。しかし、開発や調達のコストだけではなく、物流のコストまでも視野に入れて考えた場合に、果たしてその考え方があまねく通用するのだろうか。そうは言い切れないだろう。なぜなら、ひとつの大陸の中だけの物流という観点からは通用しても、米国と欧州、あるいは日本と米国というように大陸や海をまたいだ輸送ということになると、話は変わってくるからだ。

たとえば小さくて軽く、なおかつ付加価値の高いブレーキのコントロールユニットのような機能部品なら、現物を輸送してもコストの問題は生まれない。ところが、〝共通に〟使えるからといってドアのような大きくて重い部品を遠隔地にまで運ぼうとすれば、莫大なコストがかかる。素材ではなく完成品である以上その荷扱いにも細心の注意が必要だ。それではと、地域ごとに同じ金型をいくつも起こして同形のドアを生産するとなれば、今度は製造コストのほうに、共通化がもたらすメリットがなくなってしまう。

フォードグループ全体で見れば、アテンザが属するC／Dセグメント、同じくアクセラのCセグメント、そしてデミオのBセグメントのそれぞれで世界的な共通化、言い換えれば〝横〟の共通化を図ることは、規模の経済の観点から有効であることは確かだ。マツダが開発したMZRなど、フォードにとってその典型的なものだろう。しかし、だからといって、日本という地域だけを考えてみた場合、つまりマツダの工場の場合には、共通化の恩恵はあまり認められない。なぜなら、アテンザ、アクセラ、そしてデミオそれぞれが、フォードの共通化の方針に沿って設計されているため、その製造工程も各モデルに適したものにする必要があったからだ。つまり、マツダの基幹車種同士で考えれば、そこにいわば〝タテ〟の共通性がなかったのだ。

こうなるとマツダ車相互の部品の共通性が生まれないため、マツダにとっては規模の経済が有効に働いてくれなくなる。マツダと取引のある供給会社もこの影響を受けてしまう。彼らが受注する部品のつくり方がモデルによってばらばらで「なぜこんな設計をしているのか」とマツダに対して苦言を呈することもあった。同じ種類の部品でもモデルによって異なるとなると、生産効率はなかなか上がらない。

このように、フォードが追求する〝横〟の共通化は、マツダにとって必ずしもメリットがあるとは言えないのだ。

マツダにとって望ましいのは、〝横〟の共通化ではない。基幹となる三車種相互の〝タテ〟の共通化こそがマツダの目ざすべき方向だ。これが実現すれば、サイズ、エンジンの排気量などの違いを超えて、部品や製造工程の効率化が図れるはずだ。

CFT6のメンバーがこうした考えにたどりつくのは、ある意味で自然な流れだった。というのも、実は、マツダには〝タテ〟の共通化の概念を基礎にした生産方式の技術がかねてから確立していたからだ。言い換えれば、車体のサイズやエンジン排気量などが異なるモデルを同一の製造ラインでつくり分けていたのだ。それはフォードがマツダの経営権を握る一九九六年以前のことで、製造現場では、当時の主力車種、ルーチェ（マツダの上位機種）、カペラ（後に廃止されてアテンザに代わる）、ファミリア（同じくアクセラに代わる）が同じラインから生み出されていた。

言うまでもなく、自動車は単一のモデルを単一の製造ラインで大量に生産する方式が最も効率がよい。一九七〇年代から八〇年代にかけて、日本の自動車会社は高度成長経済を追い風に、この方式を導入することで発展してきた。たとえばトヨタの場合でいえば、クラウン、コロナ、カローラといった車種をそれぞれ専用の工場・生産ラインでつくっていた。ただし、生産設備には莫大な投資が必要なため、採算がとれる生産規模は最低でも年産二〇万台、三〇万台という数字になる。しかもこの数字は一年だけでは足りない、何年もこの数字を継続させられる、つまり販売し続ける力のあることが専用ラインを成立させるための条件となる。ところが、マツダの場合には、トヨタの乗用車のようにそれほど大きな数字をこなせる車種が存在しなかったため、こうした設備への投資は不可能だった。工場の採算をとるためには、合わせ技一本、すなわち複数のモデルを同時に生産できる設備にする以外になかった。いわゆる混流生産方式だ。

そこでマツダは、大小異なる大きさの車体を同じ製造ラインに流すために工夫をこらす。ラインで車体を固定する位置をどのモデルも共通にしたのだ。こうすれば、車体の大きさが変わっても、加工の際それを〝つかむ〟治具の位置が変わらない。つまり、加工や組み立ての際、基準となる位置が変わらなければ、あとはモデルごとに適したプログラムの工夫しだいで、複数車種の組み立てが可能になる。要するに、製造すべき対象が変わっても、その作業の基準点が動かなければ問題ないのだ。

したがって、製品の設計者には製造工程の基準点を守った設計図を書くことが求められる。いわば、設計と製造の密接な連携プレイだ。これによってマツダはかつてこの〝混流生産〟ラインを稼働させ、採算をとっていたのだ。

ところが、一九九六年以降、この製造現場の様相が次第に変化を見せ始める。藤原のことばを借りればこうなる。デミオの場合には、フォードの製造ラインを強引に広島に持ってきた。次のアクセラは、欧州フォードとボルボとの混血であるため、デミオとは違った製造工程を構築する必要があった。したがって、この両車をフォードの生産要件を満足させながら製造するために、それまでのマツダの製造ラインに大幅な変更を加えなければならなかった。これはつまり、それまで蓄積してきたマツダ得意の混流生産ラインのノウハウと設備を、大げさに言えば放棄せざるを得ないという意味だった。製造部門がこの変化に反発したのは当然のなりゆきだった。

マツダの、マツダによる、マツダのための開発

このような議論を経て、ＣＦＴ６はマツダの研究開発部門の方針がいかにあるべきか、

そしてそのための解決すべき課題を整理した。

研究開発部門のエンジニアは、世界一のクルマをつくる、つくりたい。それを実現するための核になるのは、クルマの命である動力性能を左右するエンジンであることは論をまたない。世界一のクルマには世界一の心臓が必要なのだ。ところが、マツダはフォードグループに属しているという条件のもと、直近の一〇年間は、マツダ流のエンジン開発に制約を受けていた。世界一のエンジンを生み出すためには、その制約をなくして自由に開発できる環境をなんとしても確保しなければならない。エンジン以外のプラットフォームやボディーなども同様だ。

クルマの開発だけではない、世界一のクルマをつくるためには、それを生産する技術や設備についても、直近の一〇年間の生産態勢からは脱却しなければならない。なぜなら、デミオのときに経験したようにフォードグループの論理に沿った〝世界共通〟の生産態勢を強いられている限り、常に、グループ内の共通の要件に合わせるための仕事に追われ、マツダが狙った独自の製品は完成しないからだ。したがって、「トップグループにいさえすればその製品づくりは合格」というフォードグループの論理をそのまま受け入れている限り、ナンバーワン、世界一になる可能性はきわめて低い。

だからこそ、世界一のクルマをつくるためには、研究開発部門と生産部門の両者が互いに積極的に協力して、実際に自分たちの仕事に革新をもたらす必要があるのだ。幸いなことに、グループの中でこうした生き方を追求する術、あるいはヒントは、直近の一〇年間で蓄積できている。


一〇年前、フォード主導の経営環境にあった時代には、マツダの開発の重点は、新しいマツダ・ブランドの定義するクルマの性格をひたすら体現する製品を開発していればよかった。またそれ以上のことに、たとえわかっていても、力を注ぐだけの余裕はなかった。それはクルマの動力性能であり、操縦安定性であり、あるいはデザインなどだった。

ところが、世界一のクルマづくりを目標にし、そして二〇一〇年以降の社会のありようを視野に入れたとき、クルマにとっては動力性能だけで市場が受け入れてくれる時代ではなくなっているはずだ。世の人たちは、動力性能を重視するのと同じ比重であるいはそれ以上の関心を環境性能に払うようになっているだろう。クルマの環境性能を最も大きく左右するもの、それは言うまでもなくさまざまな燃料を必要とする駆動装置だ。マツダはハイブリッド車や電気自動車といったいわゆるエコカーの開発で他社の後塵を拝しているため、当面、得意の内燃機関の、すなわちガソリンエンジンとディーゼルエンジンの開発に集中する以外に選択肢はない。つまりマツダのとるべき道は、内燃機関だけで、ハイブリッド車や電気自動車と互角に戦える燃費性能をなんとしても実現することなのだ。この取り組みの延長線で、燃費性能でも世界一になれば言うことはない。

藤原をはじめCFT6がまとめたマツダの研究開発部門の課題と提言は、したがって大きく次のふたつの項目に集約できた。

一　ロマンを語る。

世界一のクルマ、そのための世界一のエンジン。そのエンジンは、動力性能はもちろんのこと、環境性能でも世界一でなければならない。両者を実現して初めて世界一になれる。

二　ソロバンを忘れない。

さらにそうした世界一のクルマをマツダの流儀でつくる。そのために必要なのは、フォードグループの論理がもたらす〝マツダにとっての制約〟から脱却し、なおかつマツダの成長軌道をより見通しの明るいものにすることだ。むしろこのほうが、大局的な見地からはフォードグループにとっても利益になるはずではないか。

○泊三日の弾丸ツアー、成功す

ＣＦＴ６はロマンとソロバンの議論を戦わせるのと並行して、このふたつの項目を実現するための技術的な検討も進めていた。

金井は、このＣＦＴ６の議論や検討の進捗状況をながめながら、彼らが後顧の憂いなく前進できる環境を整えるという自分自身の責任が日増しに大きくなるのを感じていた。

すでに述べたように、金井は開発エンジニアに対して、「あらゆる制約を取り払って世界一のクルマづくりを考えろ」と指示していた。一と二の項目を合わせて考えれば、世界一のクルマ、そしてエンジンをつくるには、フォードグループの論理から脱却しなければならないのだから、逆に言えば、フォードグループの制約を取り払わない限り、金井の指示は、指示されたエンジニアの立場からは意味をなさなくなるのだ。

言うまでもなく、デトロイトのフォード自体も次世代のクルマの駆動装置開発に取り組んでいた。彼らの開発の方向性は、当時ヨーロッパで大きな技術的潮流となっていたいわゆるエンジンのダウンサイジング化と、もうひとつの有効な手段として、トヨタが先駆けとなり一九九七年にプリウスの名で製品化したハイブリッド方式だった。

エンジンのダウンサイジング化とは、燃費向上と排出ガス規制への対策の両方に有効だと考えられていた手段だった。たとえば排気量二リッターのエンジンを積むCセグメントのクルマの場合、次のようにする。エンジンの排気量を一・四リッター程度と小さくして、燃費を稼ぐ。しかし、これではアクセルを踏み込んで加速しようとしたとき、エンジンが小さくなった分、力が弱くなるため、クルマ自体はどうしても緩慢な動きになってしまう。これでは安全の見地からしても一人前の〝クルマ〟にはならないので、ターボチャージャー（過給機、以下ターボ）を追加、強い駆動力や瞬発力が必要なときにだけ、エンジンにその排気量以上の燃料と空気をターボによって強制的に送り込んで、必要な推進力を発生させる。こうすれば、小さな排気量にすることで使用する燃料を減らし、同時に排出ガスに含まれる有害物質も減少できる。それまでターボという装置は、エンジンを高性能化するために、具体的に言えば限られた排気量でもそれ以上の大排気量並みの高馬力を得るために応用されていた。その意味では、ターボ使用についての発想の転換が行なわれたのだ。このダウンサイジング化に取り組み、世界的な影響力を発揮していた企業の代表的な存在がドイツの有力自動車会社だった。

もうひとつのハイブリッドとは、エンジンを小型化して燃料消費を可能な限り少なくする、という発想の駆動方式だ。ダウンサイジング化の発想と似てはいる。しかし、小さくなったエンジンの駆動力不足を補う方式が違っている。前者の場合、強い駆動力が必要なときに、燃料と空気を追加すればその分排気ガスの浄化には不利になるという弱点がある。ハイブリッドではこの弱点を避けるために、駆動力不足をターボによる過給ではなく電気モーターの力で補う。エンジンの馬力と電気モーターの出力、どちらが大きいかによって駆動の主従を決められる。ただし、動力の発生源が二種類となり駆動装置がダウンサイジング化エンジンよりも、複雑になることと、電気モーターの電源となるバッテリーを追加しなければならないため、車両そのものの重量増加は避けられない。したがって、コストも割高になる。

当時、フォードではダウンサイジング化に取り組んでいた。ハイブリッド方式も視野に入れていた。この開発姿勢から、彼らはマツダに対しても、まずはダウンサイジング化を推進し、可能ならグループ共通のエンジンの開発をと望んでいた。

これに対して、CFT6のメンバーはじめマツダの開発エンジニアは、マツダ得意の内燃機関だけで勝負をすると決めた。そしてそのエンジン開発の目標を、次のように定めていた。

あくまで、エンジン単体で開発する。ターボをはじめ、いわゆる補器の類いは可能な限り追加しない。燃料消費性能の向上と排出ガス規制対策の両方を、基本的にはエンジン単体で可能な限り達成する。これが成功すれば当然、コストも低く抑えられる。ハイブリッド方式には当面注力しない。

これではフォードグループの開発方針とは水と油だ。とはいえ、このマツダの方針をフォードに認めさせない限り、マツダの自由な開発は不可能だ。なんとしてもフォードに認めさせる、それがマツダの研究開発のトップである金井に課せられた使命だった。これができて初めて、マツダの開発エンジニアは世界一のエンジン開発に邁進できる。逆に言えば、金井がフォードにマツダ流の開発方針を貫くことを説得しない限り、世界一は絵に描いた餅で終わるのだ。

二〇一五年を見据えたエンジン開発、車体開発、製造技術の開発にめどがたってきた二〇〇六年の暮れ、金井はフォード説得のための弾丸ツアーを決行する。一二月のある日、広島を出発、あくる日デトロイトでフォードのキーパーソンに会い、そのあとロンドンに向かい、欧州のキーパーソンに会う、そのまま帰国。途中、ホテルでシャワーを浴び休憩はとったものの、寝るのは移動の飛行機の中。

金井はフォードに対してマツダの開発方針を認めてほしいと言うのではなく、その妥当性を説いたうえで、逆に、マツダの技術開発にフォードのほうが乗らないかと持ちかけたのだ。彼らにマツダの不退転の決意と自信を示したのだ。もっともそのとき金井本人に一〇〇パーセントの自信があったかどうかは、本人のみぞ知る、だ。フォードのキーパーソンは当然のようにその提案を否定、それどころか、マツダの目ざす技術を全く信じなかった。「そんなもの、できるわけがない！」。金井によれば、彼らは「クレージー」とまで口にしたという。

それぞれ二時間ほどかけて議論した結果、案の定、色好い返事はなかった。デトロイトでもロンドンでも、金井が受け取った反応には、「資金も実力もないマツダが、それでもできると言うなら、好きにやってみれば」、そんなニュアンスが感じられたのだった。ただし、両者は意見の違いで反発しあったわけではない。山登りにたとえれば、めざす頂上は両者ともに同じではあるものの、そこに到達するために選ぶルートが違っているだけだという認識で一致していることをお互いに確認し合った。

金井自身はこの弾丸ツアーを次のように振り返る。

「イエスという答えがないのは覚悟のうえ。あの出張による最大の収穫は、フォードにノーと言われなかったことにつきる。これでマツダには、独自の開発に取り組んでも構わない、というお墨付きが手に入った」

つまり弾丸ツアーは大成功だった、というのだ。確かにマツダの発行株式の三分の一を保有するフォードの傘の下にあるという立場にありながらも、独自開発の道が開けた。まさに一九九七年のフォード出身の社長時代には全く考えられなかったことであり、その意味で、金井が「ルンルン気分で帰って来た」と言うのも当然だった。とはいうものの、フォードがマツダの開発に関知しないということばの裏に「マツダがもし独自開発に失敗しても、フォードは助けないぞ」という厳しい意味があることも、金井にはよくわかっていた。

いずれにしても、マツダがフォードの意向を気にせず、あるいはそれまでのような窮屈な思いをせずに、独自開発ができるという条件を獲得したことは、紛れもない事実だった。道は開けた。CFT6の議論はますます現実味を帯びていった。

技術開発の長期ビジョンで、ロマンを語れ

金井の弾丸ツアーの数カ月後、二〇〇七年三月二二日、マツダは中期計画「マツダモメンタム」推進による業績の伸長を追い風にして、積極的な中期経営計画「マツダアドバンスメントプラン」を発表する。フォードから〝お墨付き〟をもらったマツダ流の独自開発がその計画を下支えしていたからこそできた計画だったことは言うまでもない。

その二〇一〇年度までの四年間の目標は、年間小売り販売台数一六〇万台以上、営業利益二〇〇〇億円以上。このとき予想されていた二〇〇六年度の業績は、売上高三兆二〇〇〇億円、営業利益は一五〇〇億円以上といずれも過去最高、販売台数も一三〇万台という数字だったことからすれば、二〇一〇年までのこの目標数字は十分に納得のいくものだった。

さらにこの目標の実現可能性を公的に裏付けるものとして、マツダは技術開発の長期ビジョン「サステイナブルZoom-Zoom宣言」を発表する。

マツダはこの技術開発の長期ビジョンでロマンを語った。

すなわち、マツダ得意の足まわりのよさやハンドリングといった動力性能を犠牲にする

ことなく、むしろ積極的に向上強化させながら、同時にマツダ車の環境性能を大幅に向上させる。クルマに対する社会的な課題に対しては、それを解決するために環境技術を、実力の及ぶ技術領域から着実に積み上げていく。つまり、マツダのブランドメッセージであるZoom-Zoomだけでは足りなくなるという議論を踏まえ、そのZoom-Zoomをさらに発展させながら、そこに社会的な貢献というミッションを加えて、Zoom-Zoomと社会的な価値観との企業としてのつながりを主張しようとした。

まずは内燃機関のクリーン化、次にハイブリッドなど内燃機関以外の手段の導入というように段階的に開発を進める。というのも、一般的には、環境性能・燃料消費性能の向上によってクルマの動力性能が犠牲になる傾向があり、自動車メーカー各社はその克服と製品づくりに腐心していたからだ。マツダはこの種の二律背反を克服して、マツダ・ブランドの定義を体現しながらも二〇一〇年には他の環境技術を用いず内燃機関だけで、環境性能に優れたクルマをつくると宣言したのだった。

そして、新しい中期計画であるアドバンスメントプランでは、決してソロバンを忘れない姿勢を示す。

その中核に全社的な「構造改革」を据えた。しかもこの改革を達成するための最重要課題を「モノ造り革新」と「コスト革新」とした。これはマツダ流のクルマづくりをマツダ独自の意志で徹底的に追求するという意味に他ならない。これは、金井が手に入れてきてくれた例のフォードのお墨付きがなければ、道が開けない発想だった。製品の企画段階から、研究開発、そして製造まで、すべてを包括したクルマづくりを現実のものにして、マツダの製品の付加価値を最大化し、あくまでマツダにとっての利益を稼ぎだすというソロバン勘定だ。

どんなロマンにも必ずソロバンの裏付けが必要だ。マツダアドバンスメントプランとサステイナブルZoom-Zoom宣言はその意味で、表裏一体のものとして同時に発表されたのだった。

したがって、マツダの新中期経営計画の成功は、マツダ独自の技術革新が達成できるかどうかにかかっている。社長の井巻久一も当時、アニュアルレポートで次のように述べて、この認識を示している。

「研究開発費を直近の四年間と比較し三〇パーセント増に、設備投資を同じく五〇パーセント増加させる」

具体的には、前者は四年間の合計額約三八〇〇億円から約五〇〇〇億円に、後者は同じく約二六〇〇億円から約四〇〇〇億円にという数字が井巻の頭の中にあったことになる。

金井、藤原そしてCFT6のメンバーに対する期待、そして彼らが負うべき責任はそれだけ大きくなった。万が一失敗しても、フォードはこれまでのような調子でマツダを助けてくれることはない。絶対にないだろう。

フォードグループに属していながらクルマづくりで独自路線を歩む、これが成功しない限りマツダがフォードグループ内だけでなく、業界の中、あるいは世界の自動車市場で独自の存在感を発揮できるブランドにはならない。だからこそ、マツダはその成功のために不退転の決意で臨む。

このアドバンスメントプランとサステイナブルZoom-Zoom宣言には、こんなマツダのメッセージが込められていたのだ。

金井には退路がなくなった。藤原もまた同じだった。

このふたりをはじめとするマツダの開発陣は、果たしてどのようにして技術革新を図り、そして構造改革のための道筋を開いていったのだろうか。

本来ネアカのはずの藤原が、その日々を振り返りながらこんなことを口にした。

「なかなか展望が開けない時期が続いた。あのころ、いつも会社の廊下やオフィスでは下を向いて歩いていた」

それでも二〇一〇年の春になって、やっと藤原は上を向いて歩けるようになった。それは、マツダの技術開発のロマンを追求する発想の進展と決してあきらめない姿勢の賜だった。

4

「狙うのは、ボウリングの一番ピンだ」

「こらあ、何を考えてんのか、ばかたれ！」

思わず机を叩きながら、研究開発担当の常務執行役員・金井誠太自身、開発エンジニアに世界一の発想を求めることの難しさをあらためて噛みしめていた。

ＣＦＴ６チームは二〇〇五年七月、リーダーに商品企画ビジネス戦略本部長・藤原清志を得てからその活動がいよいよ本格化した。めざすは金井が提唱したロマンの実現、つまり理想の追求あるいは世界一のクルマづくりの実現だ。そのための発想とアイデア創出に知恵を絞る。

「君たち、最初の二年間は、何をしてもよい。何を失敗してもよい」

あらゆる制約をなくした、どんな発想をしようと自由だ、だから思い切って飛べ、自信をつけろ、それが金井のメッセージであることは、第二章ですでに紹介した。

エンジンをはじめクルマを構成する主な要素である駆動装置、シャシー（車台）、ボディー（車体）、足まわりなどすべてに理想を追求し世界一になる。ひとことで言えば、マツダ車のすべてを一新し、生まれ変わらせるのだ。そのためには、エンジニア自身が蓄積してきた既成概念、仕事の方程式をことごとく取り払い、自由で創造的な発想を駆使して技術を開発しなければならない。しかも金井は一〇年先のことを考えろと指示することによって、それまでのマツダの習慣では考えられないような時間的余裕も与えたのだった。

とはいえ、〝はい、それでは〟といって翌日からすぐに独創的な発想が生まれ、理想のアイデアがひらめく、というほど簡単に答えが出る話ではない。議論百出の過程で、折に触れてエンジニアから提示されてくる彼らの図面やスケッチを見て、思わず口をついて出たことばのきわめつきが、冒頭の金井のカミナリだった。

フォード流の発想から抜け出せ

藤原は言う。

「われわれの開発の発想や考え方に、フォードの流儀が染み込んでいた。その壁、それも相当高い壁を取り払って、白紙でものを考えるまでには、予想以上に時間がかかった」

フォードのクルマづくりの方針は、原則「トップグループの一角を占めていれば合格」であり、この中庸の意識がいつのまにかマツダの思考にも深く入り込んでいたのだった。

優等生的な中庸の意識から、世界一を目ざすという理想を追求する意識への変革が急務だった。

従来のように、他社との比較論で新型車の性能目標を決めるという姿勢や、そのためのアイデアといったものを完全に排除するだけでは、新しいものは何も生まれてこない。それればかりか、こんな環境は、かえって意識変革の妨げになってしまう。当然、エンジニアの士気が上がるわけはない。そこで藤原は、どんな提案に対しても、その評価に〝世界一〟の概念をあてはめることを心がけた。たとえば、ある部分の摩擦を大幅に下げられる技術を提案された場合、たとえそれがほんのわずかな数値の改善であっても、他社との比較で何パーセント改善かという問いかけはせず「世界一低い数値だって？ それはすごい。任せる」と反応することで、彼らの士気を高めようと腐心していた。

世界一のクルマづくりの議論がこうして進展していく。その過程で、世界一のクルマをつくるために最も重要なキーとなるのは駆動装置であり、さらにその中でもエンジンが中核的存在であって、開発目標となるべきことにチームの考えが当然のことのように収束していった。エンジンが最大の目標なのだ。というのも、フォード主導であった直近の一〇年間は、マツダの得意の足まわりやハンドリングをベースにした新たなブランドメッセージZoom-Zoomを体現するクルマづくりをする一方で、フォードグループの共通エンジンとして開発したMZRは、必ずしもZoom-Zoomではなかったという思いがエンジニアの中にあったからだ。百歩譲ってMZRがそれなりのZoom-Zoomだったとしても、世界中のグループ企業の要求仕様に合わせる必要があるため、マツダのためだけ、の基本設計にするのは不可能であり、そうなるとどうしても、マツダのエンジニアの立場からは不満の残る〝ぬるい〟仕上がりになってしまっても仕方がなかったのだ。

さらに加えて、クルマの環境性能に対する社会の認識に大きな変化が起こり、この面でもエンジンには大幅な性能向上が求められていた。

マツダが本来狙っているZoom-Zoomなエンジン、すなわちワクワクするような運転感覚が楽しめる性能、そして同時に社会的要請に十分応えられる環境性能を同時に達成したエンジンの開発。しかもそれだけに満足せず、世界一の評価を得られるまでにエンジンを磨き上げる。これができれば世界一のクルマづくりへの道が開ける。

世界一のエンジンをあらゆる制約から解放されて自由にのびのびとした発想で開発しよう。この共通の認識から、彼らはこのエンジンのことを、〝のびのびエンジン〟と呼ぶことにした。そして、こののびのびエンジンと組み合わせる駆動装置を〝のびのびパワートレイン〟と呼んだ。この呼び方が、開発陣の意識にも作用して、ひとりひとりが主体的にのびのび考える開発環境づくりにも役立ったのは間違いない。

マツダにとって、のびのびエンジンの理想とはどうあるべきか。

彼らは、エンジン単体でハイブリッド車と勝負できる環境性能を獲得するという決断をした。そのためには、エンジンにどんな改善を施せばよいのか。いや、改善では足りない、エンジンに革命を起こすほどのイノベーションを生み出さなければならないのではないか。燃料消費性能でいえば、ハイブリッド車の代表格である二〇〇三年発売のトヨタのプリウスは国土交通省審査値（10・15モード）で一リッターあたり三五・五キロという水準であり、排気ガス浄化性能でいえば、同じくプリウスは一キロ走行あたりのCO_2排出量が六六グラムとなっていた。目標にすべきなのは最低でもこの水準だ。たとえ数年後にこの水準を達成できたとしても、そのときトヨタはさらに先を行っているはずだから、なんとしてもこれが最低の目標なのだ。

これに対して、二〇〇五年初頭にマイナーチェンジしたデミオに搭載されていた一・五リッターエンジンの数字は、それぞれ、一七・〇キロ、一三九グラム（マニュアル変速機仕様）でしかなかった。彼我の差はあまりにも大きい。

競争力に優れているだけでなく社会的な要請にも十分に応えられるガソリンエンジンを開発するには、フォルクスワーゲンが力を入れ、ヨーロッパで中心的な地位を占め始めていた小排気量化＋ターボといういわゆる〝エンジンのダウンサイジング化〟（一〇一ページ参照）を目ざすのが、妥当な方向ではないか。しかもこの手法ならハイブリッド車にも対抗できる可能性がある。CFT6で議論を始めた当初、藤原も、マツダの開発もこの方向を目ざすのが妥当ではないかと考えていた。しかし、これではそれほど独創性があるとは言えず、さらには独創性が乏しい分、たとえ完成してもマツダの特徴がどこまで出せるのかという点が不透明だ。第一、夢を語れと言っているのに、ダウンサイジング化では他社の後追いの印象がぬぐえず、とても世界一のエンジンという評価は獲得できないだろう。

誰か、世の中をあっと言わせるようなブレイクスルーのアイデアをもったエンジニアがマツダの社内にはいないのか？

〝ほっとかれていた〟エンジン開発者

人見光夫。一九七九年にマツダに入社。一見すると無愛想に見えるのは、立派な体格であるにもかかわらず、その物腰にどこか人見知りをするような雰囲気が感じられるからだろうか。入社以来一貫してエンジン開発畑を歩き、二〇〇一年五月にパワートレイン先行開発部の部長になっていた。総勢三〇人程度の組織だった。

先行開発部の主な役割はふたつ。まず、新車の企画が具体的に固まり市場導入が決まったモデルに搭載する駆動装置の開発に関して、商品開発の部隊が困難な課題に直面したとき、その課題を引き取り具体的な解析を行なったうえで、商品開発部隊に解決策を提言すること。もうひとつは、具体的な製品化とは別に、将来考えられる技術の可能性を検討することだった。つまり、ある意味で便利屋であり、そして同時に、すぐに製品化される技術の開発とは無縁で、将来製品化されるかどうかが不透明な技術相手の仕事だった。おまけに、フォードとの関係でいわゆる現場の開発エンジニアが必要になると、そのたびに、メンバーがその要員として引き抜かれていた。こんな自分の組織のことを、人見はぼそっとした口調でこう振り返っている。

「ほっとかれていたんですよ、本当は」

解析は得意だった。それでも二〇〇三年の四月までは、部に解析依頼が来ると計算ができそうかどうかを見きわめて、できそうであれば、〝はい、やります〟といった日々の繰り返しだった。部長の立場の本人がこの調子なのだから、あとのメンバーの士気もどの程度だったのかは推して知るべし。彼らも自分たちは日陰の存在という意識に浸かりきった日常を送っていたところ、この二〇〇三年四月に転機が訪れる。このときに行なわれた年に一回の社員意識調査の結果を見て人見は非常な衝撃を受けてしまう。部のメンバーの意欲や参画意識が自分の思っていたよりもはるかに低かったのだ。他の組織からあてにされていないという疎外感が部全体を支配してしまっていた。この原因は明らかだった。先行開発と言いながら、日常的には商品開発で困っている他部門の手伝いで終わってしまっていたのだ。これで意欲をわかせて仕事をしろというのは無理な相談だろう。

そこで、人見は部の意識改革に取り組む。

「技術以外のことで真面目に考え抜いたのは入社以来初めてだった」

自分自身も含め部全体を支配している疎外感を払拭するため、仕事に対する受け身の姿勢を改めることから始めた。それまでのように、仕事の依頼が来るのを待ち、受けたときから解析し計算して答えを出すといった消極性を排除する。その一方で、部独自で開発のテーマを設定し、開発活動そのものの中に依頼された仕事を組み込んでしまうことによって、さらにそのテーマを前進させる。たとえ同じ仕事であっても、それに対して本人に主体性があるかどうかで、その姿勢は一八〇度変わってしまうとはよく言われることだ。こうして、人見は部のメンバー約三〇人の開発に対する意識や心構えをひとつの方向に集束させていった。

こうしてひとたび意識に変化が起こると、彼らは解析の能力、計算の能力を猛烈に高めることに熱心になっていく。解析・計算の精度を高めようとした。さらには、精度を高める目的で積極的にテストのテーマを設定する。テーマの設定は、商品開発から解決策の検討を依頼されるかどうか、その有無とは関係がなくても構わない。人見が意識改革に着手した二〇〇三年春以降、このプロセスの中で、さまざまな開発テーマ、いわば〝自主番組〟が生まれていった。その自主番組のひとつに、超圧縮ガソリンエンジンがあった。

ガソリンエンジンは、シリンダーと呼ばれる円柱形の空洞＝気筒の中に送り込まれた空気とガソリンを混ぜた混合気を、ピストンという円柱状の部品（注射器にあてはめれば押し子にあたる）で圧縮したうえで混合気に点火、その爆発エネルギーによってピストンが押し下げられることによって得られる運動エネルギーを駆動力として取り出す自動車の心臓部だ。圧縮比とは、混合気を吸い込むためにシリンダー内の容積が最も大きくなった状態と、それを圧縮して点火する前後の最も小さくなった状態との比率を表す数値のことだ。理論的には、圧縮比が大きければ大きいほど、得られるエネルギーは大きくなる、つまりエンジンとしての性能が向上する。ガソリンエンジンが発明されてすでに一世紀以上、この圧縮比の数字は性能向上をめざして次第に大きくなり、現在では実用的な乗用車用のエンジンの場合、一般的に一〇前後、価格が一〇〇〇万円二〇〇〇万円以上の高性能車に搭載するものでは一二前後、というのが、世界的な常識だったと言っても間違いではないだろう。

超圧縮エンジンに取り組む、ということは、この常識的な圧縮比を大きく上回る、一四、一五という数字を叩き出して、エンジンの効率を飛躍的に高める開発をするという意味だ。マツダには高額の値札をつけた高性能車が存在しないので、乗用車として常識的な圧縮比である一〇を一四、一五に上げるというのは、それこそ非常識な発想であり目標だった。もちろん高性能車の圧縮比一二と比較しても、依然として非常識であることに変わりはない。

それでも圧縮比を一四、一五にまでもっていくという経験的に非常に難しいこの課題をマツダの自主番組にした背景には、当時の市場における存在感を日々拡大していたハイブリッド方式と、ターボ付きのダウンサイジングエンジンに対する次のような疑問があったのだ。

ハイブリッド方式の弱点は、電気モーターやバッテリーを積むことによって車両重量が増加することを別にしても、第一に車両価格が高いこと。同クラスのエンジンだけの乗用車と比較して、購入時の価格差を消費する燃料価格の差で埋めようとしても、平均的な所有期間や走行距離ではとても埋まらないのだ。第二に、リサイクルができない（ということは環境負荷が大きい）バッテリーの廃棄の問題が必ずしも解決されていない。しかもリサイクル＝再利用のための廃棄コストではなく廃棄のためだけの非生産的な廃棄コストの問題も残されたままだ。

ターボ付きのダウンサイジングエンジンの弱点は、エンジン自体の重量がターボをはじめとする補機類のために増加すること。重量増加はコストの上昇を招く、つまり車両価格が上がる。そして小排気量化しても排気量を減らしただけの燃費向上効果がエンジン性能そのものとの見合いで、必ずしも得られないという点もあげられる。

後者の弱点について、人見はすでに経験済みだった。一九九三年にマツダが発売した当時の同社のハイエンドモデル、ユーノス８００のターボ付きエンジンの開発に関わった経験があったのだ。このエンジンの基本的な構成が同じだった。ただし、当時はまだエンジンの環境性能に対して世の中の関心がそれほどでもなく、ターボを使用する目的は、燃費の向上ではなく、エンジンの性能そのものの向上だった。これに対して、ユーノス８００のエンジン開発の狙いは、二・二リッターのエンジンで三リッター並みの馬力・駆動力を得るための構造を生み出すことだった。これは現在のターボ付きダウンサイジングエンジンと同じ発想だ。このときの経験から、人見は、小さな排気量で大きな力を取り出すためには、ターボを付けるといった補機を追加する手法よりも、エンジンそのもので大きな力が得られる構造を生み出すことが、最も効果的な手法だという信念を持つようになったのだ。とはいえ、当時はまだ、解析の技術や燃焼を観察したりシミュレーションをしたりという周辺の技術環境が整っていなかったため、発想を温めるまでの段階より先には進めなかった。

それから一〇年という時間がたつにつれ、周辺の技術開発環境も飛躍的に水準が向上したことも手伝って、人見は、エンジンそのものの革新的な性能向上をめざす試みに意欲を燃やすようになっていた。幸いにも、開発期限が設定されているわけでもなく、具体的な製品計画に間に合わせるという責任もない。遠くでCFTというプロジェクトが立ち上がり、研究開発に関してもさまざまな議論が戦わされていることは聞こえてきてはいた。メンバーが折に触れて個人的にCFT6から相談を受けたりしていることも知っていた。それでも、組織として正式に先行開発部に参画を求められはしなかった。だから人見は冷めていた。

「今まで何も考えていない人たちが、いきなり革命的な発想を思いつくわけがないでしょ。なんで企画の人たちが思いつくンや」

こうして、人見の開発部隊は、マツダ社内でも全く注目をされない環境のもとで超圧縮エンジンの開発を一歩一歩粘り強く進めていた。人見のことばを借りれば、「社内は誰も知らない。本部長でさえ関心がない」。そんな孤独な開発作業でもあった。

開発の核心は、高圧縮化と熱効率向上

一方、ＣＦＴ６は、議論を重ねる中で、自動車の心臓部であるエンジンをいかに開発するべきか、その方向性をしだいに固めようとしていた。

論理的に考えれば、エンジン単体で、燃料消費性能と環境性能の両方を同時に満足させてくれれば合格だ。現状の自動車業界では、それが一筋縄ではいかないために、他の手段をとり入れようとして手を替え品を替え、さまざまな開発が行なわれてきている。前者のためにはエンジンの効率を上げて小排気量化する方向が有力だと考えられている。後者のためには排気ガス浄化用の補器や装置を付けるのが論理的なアプローチだというのが一般

的だ。他のどんな手段にも頼ることなく、エンジン単体でこの両者が解決できれば、理想的であることは論をまたない。

理想、という観点で見れば、従来のエンジンが理想を究めていると信じている人はひとりもいないはずだ。それは世に広く普及しているエンジンの効率ひとつをとってみても明らかだ。

エンジンの効率とは、エンジンに送り込まれた燃料が持つ化学エネルギーのうち運動エネルギーに変換され自動車自体の推進力として利用されている〝程度〟のことだ。一般的にはこれを熱効率と呼ぶ。現代のエンジンの熱効率は、なんと、わずかに三〇パーセント前後でしかないというのが当時常識的一般的な数字であり、自動車業界が一世紀以上にわたって研究開発してきた結果の数字でもあった。これを別のことばで表現すれば、エンジンの内部で燃焼させる燃料の約七〇パーセントをわれわれは自動車を推進させること以外に使っている、つまり無駄にしてしまっているということになる。無駄づかいの具体的な例には、エンジンを構成する機能部品が動くことによる摩擦を克服するため、あるいはエンジン本体の動作温度を適切に維持するため冷却水への熱の放出、混合気を吸い込んだり排気したりするときの抵抗の克服、などがある。結局のところ、クルマを走らせるためにガソリンを一リッター使ったら、そのうちの七割七〇〇CCは無駄に使っているというわけだ。

ということは、仮に今、エンジンの熱効率をたとえば三〇パーセントから四〇パーセントに向上させられるとすると、理屈のうえでは燃料消費性能は一気に三三パーセント以上改善できるはずだ。この場合、有効に使えるガソリンの量は三〇〇CCから四〇〇CCにまで増加する。エンジン単体でも、まだまだ燃費の向上をめざせる余地は大きいのだ。

したがって、理想のエンジンとは、ガソリンを一滴も無駄に使わない、すなわち熱効率一〇〇パーセントを実現するエンジンということになる。とは言え、実際にこれはあまりにも理想に過ぎ、現実離れしている。それでも、理想の熱効率に一歩でも近づくための手段は間違いなく存在する。以前から世の自動車の開発エンジニアが注目している有力な手段のひとつがHCCIだ。これは予混合圧縮着火と名付けられている燃焼技術であり、依然として実用化にはさまざまな困難が伴うとはいうものの、これが完成すれば内燃機関の効率が六〇パーセント程度にまで到達するのではとして注目されている。一般的なガソリンエンジンの熱効率三〇パーセントが一気に倍増できるという意味で画期的な技術だ。このHCCIによってより理想に近い燃焼をさせられれば、理論的には不完全燃焼がなくなるのだから、排気ガスに含まれるNO_xとCO_2の量も同時に大幅に減少させられる。つまり環境性能の面でも劇的な向上が見込まれるのだ。

ここまで一気に達成するのは無理としても、そこに至る開発の入り口として、熱効率向上をめざすために有効な方法はエンジンの高圧縮化だと人見は考えていた。従来よりも熱効率を上げれば、同じ量のガソリンからより多くのエネルギーを絞り出せるのだから、HCCI並みとは言わないまでも、HCCIと同じ理屈で環境性能も向上する。一石二鳥ではないか。

高圧縮化をめざす技術は、エンジンの出力向上・高性能化の有力な手段として業界では長年にわたり研究されてはいるものの、世の中では「一部の高額の高性能車を除けば、実用エンジンの場合にはどんなによくても、圧縮比はせいぜい一〇から一一どまり、それ以上の圧縮比にするとさまざまな予期しない現象が起きてしまい、エンジンの性能が向上するどころか、場合によっては壊れてしまう」という説が常識になっていた。克服困難な予期しない現象の代表は、ノッキングだ。ノッキングとは、シリンダー内に送り込まれる混合気の異常な燃焼によってエンジン本体の正常な動作制御ができなくなり、エンジン自体が異様な音とともに不規則な振動をする現象のことだ。ノッキングの状態によってはエンジンが壊れることもある。

それだけに、一般的に制御のできないノッキングが発生すると考えられている一四、一五という高い圧縮比は、まさに常識はずれであり、それに挑戦するというのはきわめて困難でなおかつ、無駄な努力に終わる可能性のきわめて高い技術的課題だったのだ。そんな高圧縮化が果たしてできるのか？　エンジンの歴史は一世紀以上になる、それが可能だというなら、とうの昔に誰かが達成しているのではないか？　それがあとわずか数年で完成するとはとても思えない、失敗する。ＣＦＴ６内部でもこんな議論が戦わされた。

「人見と心中する」

二〇〇七年四月、藤原は商品企画ビジネス本部長からパワートレイン開発本部長に異動する。この本部長人事に驚いた人は少なくなかった。なぜなら、それまでのマツダの慣習では、同本部の本部長は開発畑の生え抜きが就任すると相場が決まっていたからだ。

人見も、この人事に驚いたひとりだった。藤原とは一体どんな人物なのか？　お願いだから、これまで積み上げてきた開発のプロセスに混乱を与えるような、わけのわからないことだけは言わない人であってほしい、というのが正直な気持ちだった。

藤原は開発本部で就任のあいさつを終えるとすぐ、同本部の幹部社員だけを集めて言った。

「私の方針は世界一をめざすこと、この一点に尽きる。パワートレインで世界をリードする。そして世界一のクルマづくりをなし遂げて、世界で胸を張って歩こうではないか」

この席の幹部社員はおよそ一〇〇人。彼らに向かって藤原はさらに付け加えた。

「そこで君たち、この世界一をめざすという目標に向かって、何ができるか、何がしたいか、それぞれ自分の考えを書いて私に提出してほしい。また、もしこの目標設定に異論があるなら、これについても私に直接メールしてもらって結構」

これはちょうど本部長就任のひと月前、二〇〇七年三月にマツダが例の技術開発の長期ビジョン〝サステイナブルZoom-Zoom宣言〟をしたばかりのときだった。言うまでもなく、この宣言のベースになっているのは、藤原がリーダーを務めたCFT6の議論だ。藤原は議論するだけでなく、今度はサステイナブルZoom-Zoom宣言を実行する責任を負う立場を与えられたのだ。

この〝レポート提出〟の要請に対して三〇人ほどがすぐに反応した。

三〇人という数は藤原にとって予想外に多い数だった。というのは、場合によっては藤原に噛みつくほどの気概のある人間でなければ、世の中をびっくりさせるようなエンジンの開発などとても望めないとは思う半面、積極的な反応は期待薄だとも思っていたからだ。彼らのレポートを読んだあと、「これならいける」と思わず周囲に洩らしている。

それでも、世の中をびっくりさせるようなエンジン、世界一のエンジンを実際に開発する意欲と才能にあふれたエンジニアが、果たしてパワートレイン開発本部にいるのだろうか。マツダの社内で手を挙げる者はいるのだろうか。すでに述べたように、藤原自身はターボ付きダウンサイジングエンジンが技術トレンドの本流ではないかと考えながらも、それでマツダが世界一になる可能性については、確信が持てないでいた。

「開発できる人はいます、というより、その人しかいません、体重は重いのですが」
「そりゃ、誰のことだ」
「人見さんです。この人なら間違いなく技術のビジョンを語れます」

藤原にこう進言したのが、同本部パワートレイン技術開発部主幹の工藤秀俊だった。工藤は一九八六年マツダ入社、以来エンジン畑を歩み二〇〇五年六月にはエンジン実研部の主幹になると、CFT6の議論に参加するようになっていた。同じエンジン開発者として、高圧縮化のアイデアに関心を持ち、人見がその技術開発を粘り強く続けていることもよく知っていた。

藤原は、それまで同じ会社の中で仕事をしていたにもかかわらず、商品がらみの組織には一切〝顔を出した〟ことのない人見とは全く接点がなかった。

人見とはどんな人物なのか……藤原は工藤の進言を受けて人見本人のデスクに出向いてみた。

その藤原に向かって、人見はエンジン開発に対する自説を訥々と説いた。ダウンサイジング化の可能性に疑問を呈し、素直に考えれば、あるいは昔から教科書に書いてある原理原則に則れば、高圧縮化こそがマツダのとるべき道だと語る。自説には自信があったものの、人見はそれ以上踏み込もうとはしなかった。自ら進んで「任せてくれ」とはあえて言わなかったのだった。「ほっとかれた」人見であればこそ、それまでの開発環境や置かれた立場からして無理もない話だろう。このとき人見は五七歳。定年まで残された期間はわずかに三年、本人のことばを借りれば「マツダでのサラリーマン人生も第四コーナーを回り切ってそろそろ最後の直線、終わってしまうな。部長職で店じまいか」という考えが頭の多くの部分を占めていた。

人見の話を聞いた藤原は、その何日か後、自身が信頼している親しい開発部門の部長にメールを送って、こう打ち明けた。

「人見と心中する」

この部長は、藤原からのメールを人見に転送する。

「そうか、藤原さんは信用してくれたんだな……」

それから三カ月ほどがたった二〇〇七年八月、人見はパワートレイン開発本部の副本部長に昇格する。つまり、藤原が、自ら率いる開発本部のナンバーツーに据えることで、人見と心中する姿勢を示したのだ。

内燃機関そのものの性能を究める

人見が描いたビジョンの概略はこうだ。

乗用車に使用されるエンジンは一般的に内燃機関であり、これにはガソリンの他に軽油を燃料とするディーゼルの二種類がある。マツダではかねてから両方とも開発している。そこで、ガソリンであれディーゼルであれ、とにかくマツダが持っている内燃機関の性能を徹底的に高める、理想的には究極にまで向上させることによって、ハイブリッド方式と互角に渡り合える環境性能を手に入れる。

環境性能でハイブリッド方式と互角に渡り合えれば、両者の乗用車としての商品性、製品の魅力という側面からして、有利になるのは間違いなく内燃機関のほうだ。その理由は主に次の二点にある。第一に、ハイブリッド方式にはバッテリーや電気モーターなど機器類の追加が必要になるため、これが製造コストを押し上げ、価格競争力の面で弱点となる。そうなると、できるだけ顧客の財布にやさしいクルマを届けたいというマツダの思いからはずれてしまう。また、大きなバッテリーには廃棄というやっかいな潜在的問題もある。第二に、補器類を追加することによって車両重量の増加が避けられない。つまりクルマが重くなるのだ。これが走行性能に与える影響は小さくない。優れた走行性能をユーザーに訴えているZoom-Zoomを満足させられずにマツダのクルマは成立しない。直前に公表したサステイナブルZoom-Zoom宣言の通り、Zoom-Zoomの感覚を維持したままで、あるいはそれをさらに進化・発展させながら同時に社会の要請に十分応えられる乗用車の開発こそ、マツダの進むべき道なのだ。

そこで人見は改めて内燃機関開発の目標を設定する。わかりやすくするために、Ｂセグメント（マツダの場合はデミオ）の乗用車を前提にして、次の三段階に分けて設定した。

第一段階：内燃機関と車両の改善で環境性能をマイルドハイブリッド方式並みの水準にする。

ちなみに、マイルドハイブリッドとは電気モーターを積んではいるものの、その役割はあくまでも主原動力であるエンジンの力を補うことに限定される。この方式では基本的に電気自動車モードでは走行できない。もっとわかりやすく表現すれば、エンジンを始動させない限り、クルマは発進しない、という方式だ。

第二段階：プリウスを代表格とするハイブリッド方式が二〇一五年に到達すると予想される水準にする。

第三段階：究極の燃焼の仕組みと称されているＨＣＣＩの実用化製品化をめざす。つまり理想のエンジンの開発だ。燃料を一滴も無駄にしない最高の熱効率を発揮できるエンジンの開発は、同時に最高の環境性能を持つエンジンの開発に取り組んでいるということにもなるはずだ。

人見がその計算によって設定した第三段階におけるCO_2排出量の目標は一キロあたり

五〇グラム。もしこれが実現し、なおかつマツダにおけるこのエンジン搭載乗用車の生産割合が七〇パーセントを占め、残りの三〇パーセントが電気自動車という構成になれば、一九九〇年との比較で、CO_2排出量のなんと八〇パーセントもの削減を、企業として達成できるのだ。

ちなみに、同年五月というほぼ同時期に発表した新しいデミオの一・三リッターのガソリンエンジンは、最も有利な数値を達成できる自動変速機仕様で10・15モード燃費はリッターあたり二三キロ。一キロ走行あたりのCO_2排出量一〇〇・九グラム。かたや一・五リッターのエンジンを積んだトヨタのプリウスは、ハイブリッド方式の効果が発揮されてそれぞれ三五・五キロ、六六グラムだった。当時年間で販売されるトヨタのハイブリッド車の数が約四三万台、トヨタ全体の総計八四三万台に比較すればまだまだ小さな数字のため、トヨタ車全体に及ぼすCO_2の低減効果は非常に小さかった。しかし、どんな方式であれ環境性能に優れた駆動方式が主流になるのは時間の問題だと感じられた。

人見をはじめ開発陣は究極の燃焼性能＝熱効率の追求に開発の焦点を定めた。現行の熱効率は三〇パーセント前後。七〇パーセントも無駄になっている燃料をいかに削減して、熱効率を上げればよいか、これが第一段階の仕事になった。

その目標値は？　ディーゼルエンジンの熱効率はかねてからガソリンよりもよいというのが通説で、実際に四〇パーセント前後だった。ディーゼルでできることがガソリンででぎないわけがない、という考えから、第一段階でのつまり当面の目標を熱効率四〇パーセントとした。

エンジンに取り込まれる燃料が持っている化学エネルギーを奪い取り、損失となって無駄にしてしまっている原因は何だろうか。開発陣はその主な〝犯人〟をおよそ次の四つの損失だと考えた。

第一に排気損失。空気と燃料とが細かく混じり合った状態になってエンジンに送り込まれるいわゆる混合気が、シリンダーの内部で圧縮され爆発して燃焼エネルギーとなる。そのエネルギーの一部がピストンを押し下げる力とはならずに、燃焼後の混合気そのものの温度を上げるのに使われ、そのまま高温の排気ガスとして放出されてしまう。

第二に冷却損失。混合気の爆発によって発生した燃焼エネルギーが、エンジンの周りを覆って循環している冷却水の温度を上げるために消費される。確かにエンジンの温度を適温に維持するためには水によってシリンダー内の熱を冷やしてやらなければならない。しかしエンジンが過熱しないように冷やしてやるということは、要するにエンジンから熱を奪い取ることそのものなのだから、ここでも燃焼エネルギーの一部はピストンを押し下げる力にはならず、結果的に冷却水を温めることに使われてしまうことになる。

第三にポンプ損失。注射器に液体を吸い込んだり液体を押し出したりする様子を想像すればわかりやすい。ピストンが下がってシリンダーの内部へと混合気を吸い込むとき、抵抗が生まれる。そして、燃焼したあとに排気ガスをシリンダーから押し出すのにも抵抗がある。この抵抗にうち勝ってエンジンを回転させるために燃焼エネルギーの一部が消費される。このポンプ損失によっても、燃料が消費されてしまう。

第四に、機械抵抗損失。右の第一から第三の項目はエンジンの燃焼そのものに直接関わりのある損失であるのに対して、これはエンジンの構造から生まれる損失だ。すなわち、エンジンが機械的な部品で構成されている以上、その部品が動くところ、たとえば軸が回転する部分やピストンが上下運動する部分では、摩擦による抵抗が生まれる。これが機械抵抗損失と言われるもので、これにうち勝つために、燃焼エネルギーの一部が使われてしまう。

これら四種の損失を分析した結果、これらが、エンジンの損失に及ぼす原因全体のおよそ九五パーセントを占めていた。さらに、第一の排気損失と第二の冷却損失の両者が占めている割合は、なんと約六〇パーセントに達していた。

したがって、第一段階に優先して集中的に取り組むべき課題は決まった。人、モノ、カネという経営資源に限りがある以上、そして二〇一五年という目標の期限が設定されている以上、与えられた条件のもとで期待される具体的な成果をものにするためには、第一の排気損失、第二の冷却損失を攻めるのが最も有効と判断された。

それでは、このふたつの損失を減らすためには何をすれば有効なのか。人見は先行開発の時代から次の四点に狙いを定めていた。すなわち、圧縮比（一四二ページを参照）、空燃比（空気と燃料を混合する割合）、燃焼時間（燃料が燃えるのに要する時間の長さ）、そして燃焼タイミング（混合気に点火する時機）だ。この四点に何らかの工夫を施すことによって排気損失と冷却損失を抑制し減少させられることから、これらの四点を制御因子と呼んでいた。ちなみに、第三のポンプ損失と第四の機械抵抗損失にとっての制御因子はそれぞれ、吸排気行程圧力差、機械抵抗と考えられていた。

これら四つの制御因子はどれもが何らかのかたちで排気損失と冷却損失の両方にそして

相互に関係している。しかし開発のリーダーとして、人見は一体何が〝ボウリングの一番ピン〟なのかを考え、それに開発の狙いを定めようとしていた。

ボウリングの一番ピンとは次のような意味だ。ボウリングでは、一番ピンを頭にして、合計一〇本のピンが、プレーヤーに向かって逆三角形状に並べられている。一〇本のピン全部をボウルの一投で倒し、ストライクとするには、この一番ピンを倒すのが必須であることはボウリングのファンなら誰でも知っている。逆に言えば、一番ピンをうまく倒すことによって、あとの九本も倒れてくれるのだ。このたとえを制御因子にあてはめると、狙いを定めるべき〝一番ピン〟は、圧縮比ということになる。なぜなら、圧縮比は制御因子の中で、排気損失と冷却損失の両方に対して最も大きな影響力を持っているからだ。したがって、圧縮比を最適に制御してやれば、他の制御因子についてもその技術的課題がよく見えるようになったり、その改善のヒントを教えてくれたりするはずだ。つまり人見の言うボウリングの一番ピンとは、克服すべき開発テーマの文字通り急所なのだ。

この「ボウリングの一番ピンを狙え」は、自分だけではなく周囲のエンジニアに向かって折に触れて口にしている人見流の叱咤激励のセリフでもあった。狙うべきポイントがわかれば、開発の姿勢に迷いがなくなる。迷いがなくなれば、一気呵成に最適解に突き進める。

そんな高圧縮比は不可能だ！

「人見さん、圧縮比を一五に上げて回しても、シリンダー内の圧力が急激に低下するだけ、力が落ちるだけという結論が見えてはいませんか。場合によってはエンジンが壊れることもあるし」

「とにかくつくってみい。できるかできんか結論を出すのはそれからだ。この種の仮説を検証するには、時計の振り子のように極端に振ってみることだ」

人見は予断でものを考えない、いたずらに結論を急がない。ある推論を検証するとき実験するとき、人見の見せる姿勢がこの「振り子のように極端に振ってみる」だった。

エンジンの熱効率に関する従来の世の常識的な知見によれば、圧縮比を一〇から一五にまで上げることによって熱効率は約九パーセント向上するという。だとすれば、圧縮比一五をめざさない手はないだろう。

こうして高圧縮化への挑戦が始まった。

マツダが究極の燃焼をめざし、まず数億円をかけて研究用につくったのは五〇〇CCの単気筒ガソリンエンジンによる開発設備だった。これを四気筒に拡張すれば二リッターのエンジンになる、という寸法だ。

まず圧縮比一二、次に一三に設定して動かす。そして一四、一五。圧縮比一三から上では、思いがけない現象が起きた。ノッキングの限界を超えてエンジンの回転数を上げないという条件のもとで、圧縮比を一三以上にして動かしても、エンジンの出力がさらに低下するという現象は起こらなかったのだ。圧縮比一五まで出力は横ばいだった。

この理由を探り当てるまでにそれほど時間はかからなかった。燃料のガソリンをある程度以上圧縮すると、圧縮されることによってガソリンそのものの温度が上昇、そこに含まれる分子がゆっくりと発熱反応を起こし、この発熱分だけシリンダーの中の圧力が上がるからだった(この現象は低温酸化反応と呼ばれている)。つまり混合気の点火による爆発とは別の〝混合気膨張〟が力の低下を補っていたことになる。

エンジンの圧縮比を極端に上げても、力の低下はある程度の水準でとどまり、際限なく低下し続ける現象は見られない。これは大きな発見だった。これこそ、実験は振り子のように極端に振って行なえという人見流の姿勢から生まれた成果だった。

人見の結論。ガソリンエンジンの高圧縮化は可能。

高圧縮エンジンで、熱効率の向上と環境性能の二兎を追う。いや、高圧縮エンジンだからこそ、この二兎を追えるはずではないか。この年二〇〇七年の三月に打ち出した技術開発長期ビジョン、〝サステイナブルZoom-Zoom宣言〟は、この人見がめざしたエンジンの高圧縮化という独自路線に向かうと決めたマツダの覚悟に裏打ちされていたのだった。

すでに紹介したように、高圧縮化を狙おうとするとき、大きな壁となって立ちはだかるのがノッキングという現象だ。

開発陣は、さらにこの現象の解析に取り組んでいった。

あらためて内燃機関の動きを大雑把に表現すれば次のようになる。シリンダー内に取り込んだ空気と燃料の混合気をピストンによって圧縮、十分に圧縮したところでそれに点火して爆発させ、燃料の持つ化学エネルギーを燃焼エネルギーに変換。これをさらに運動エネルギーに変えるとクルマが動く、というわけだ。

すでに述べたように、混合気をシリンダー一杯に吸ったときのシリンダー内容積と、点火のタイミングの前後で、ピストンによって縮められたその空間の容積との比率が圧縮比ということになる。たとえば、前者が五〇〇CC（つまり五〇〇立方センチ）後者が一〇〇CCなら圧縮比は五、後者が五〇CCになっていれば、圧縮比は一〇となる。点火して燃焼・爆発させるときの容積を小さくすればするほど、つまり圧縮比が高ければ高いほど、エンジンが生み出すエネルギーは大きくなるので、圧縮比五よりも、圧縮比一〇のエンジンのほうが力を取り出す効率がよく、高性能ということになる。したがって、小さなエンジンであればあるほど、圧縮比を高くして、そこからできるだけ大きな力を取り出したくなるのが当然のなりゆきだ。ところが、困ったことに、一一、一二と圧縮比を上げていくと、そこにはノッキングという困った現象が待っている。

このノッキングを引き起こす最大の原因が自己着火という現象であることはよく知られていたし、人見もこの現象の解析解明こそ、高圧縮化の実現に欠かせないプロセスであることを認識していた。ちなみに、自己着火とは、エンジンの機構による点火作用とは関わりなく燃料自体が勝手に燃焼してしまう現象のことだ。燃料が勝手に燃焼を始めれば、当然、エンジンは正常に回転しなくなる。ところが、〝ほっとかれていた〟部長時代には、このノッキング対策の仕事をこなすだけの経営資源が与えられていなかったため、わかっていながら手をつけられないでいたのだった。

ノッキングを抑え込み、自己着火を克服しろ

ひと昔前の乗用車を運転した経験の持ち主なら、一度といわず何度か次のような現象に直面して、とまどったことがあるはずだ。たとえば、低速走行の状態から、一気に速度を上げようとしてアクセルを大きく踏み込んだとき、意図通りにエンジンの回転が上がってくれるどころか、エンジンがカタカタと音を立てて変な振動をしてクルマがモタモタした、というような現象だ。これがノッキングと呼ばれるエンジンの異常燃焼だ。

なぜノッキングが起こるのか。その理由の概略はこうだ。

一般的なエンジン＝内燃機関＝は混合気の吸気、圧縮、爆発、燃えたあとのガスの排気という四つのサイクルを繰り返す。つまり混合ガスを吸い込み、燃焼後に排気したあとで、また新しい混合気を取り込むという仕組みになっている。とはいうものの、実際には燃焼後のガスのすべてを排気できず、シリンダー内部にそのガスの何パーセントかがとり残された状態のところに、次の新しい混合気が入ってくる。エンジンの圧縮比が低いうちは、この残留ガスの影響がそれほど大きくないため、エンジンの制御装置の力を借りて燃焼を制御できる。ところが、圧縮比が高くなるにしたがい、燃焼によって高温になった残留ガ

スが、新しく入ってきた混合気の温度をも上昇させる。しかも悪いことに、もし残留ガスが皆無だったとしても、圧縮されるに伴い温度が上昇するという気体本来の性質から、圧縮される率が高ければ高いほど、圧縮される過程で混合気そのものの温度も高くなっていく。この両方の効果によって、混合気そのものの温度が自己着火を引き起こすのに十分なほど高くなってしまい、これがノッキングを誘発してしまうのだ。

エンジンは、吸い込んだ混合気をほぼ最高に圧縮したタイミングでそこに点火しようとする。ところが、点火しても混合気が一瞬にして爆発、燃焼してくれるわけではなく、点火をきっかけにした燃焼が混合気全体に広がるまでにはそれなりの時間がかかる（とはいっても非常に短い時間であることには変わりがない。余談ながら、高速道路を時速九〇キロ前後で走行しているとき、一般的にエンジンの回転数は一分間二〇〇〇回転前後。ということは、一秒間に約三三回転。点火は二回転に一回なので一秒という短い時間にエンジンは各気筒ごとに点火を約一六・五回も繰り返している。四気筒エンジンなら一秒間合計の点火回数は約六六回となる）。自己着火はこの燃焼が混合気全体に広がっている間に起こる。つまり、点火による火炎が到達せず燃焼を待っている状態の混合気（専門用語では〝未燃焼エンドガス〟と呼ばれている）が、その到達前に〝勝手に〟燃えてしまうのだ。

自己着火は不規則に起こるので制御することは不可能。制御された混合気の燃焼に、制御不能の自己着火が加われば、これは異常燃焼であり、この異常燃焼はシリンダー内部に瞬間的で大きな圧力上昇を引き起こす。こうなるとエンジンは運転者をあわてさせるような異常な振動を起こし、場合によってはエンジンそのものの破壊にもつながるのだ。

世の多くの乗用車に搭載されている実用的なエンジンの場合、その大半が制御できる圧縮比の限界を経験的に一〇から一一前後にしている理由もここにある。

それでは、自己着火を抑え込みノッキングを制御するにはどうすればよいのだろうか。これに答えを出せれば、その先に、高圧縮エンジンの姿が見えてくるはずだ。

まず、ひとつ目の手段。くせものの自己着火を制御する。さらに加えて、これを制御するという仕事以前に、すばやく混合気の燃焼を終わらせ、自己着火が起こる環境をつくらないことだ。

そして二番目に、自己着火の引き金になっている混合気の燃焼後の残留ガスを可能な限り少なくすること。ゼロが理想ではある。しかしこれは現実問題として非常に難しい。

自己着火を抑え込む、あるいは制御するには

一、事前に自己着火が起こることを予測する
二、自己着火の現象を検出する
三、自己着火を回避する、事前に防ぐ
相互に関連しているこの三種の技術を確立し、そのうえで、それらを一体として活用できれば、ノッキングを制御できるはずだ。

自己着火の引き金になっている混合気の残留ガスを可能な限り少なくする、理想的にはゼロにするのは、きわめて困難。しかし、自己着火の発生が起こる環境そのものをつくり出さないですめば、燃焼はもっと理想に近づくはずだ。そのためには、混合気の燃焼にかかる時間をさらに短くして、未燃焼の混合気がシリンダー内で高温の残留ガスにさらされる前に、燃焼を終わらせればよいということになる。

燃焼を速くするにはどうするか。考えられる手はふたつ。

ひとつ目。混合気とは空気と燃料が混じり合ったものだ。この混じり具合にムラがあると、燃焼するのに時間がかかる。だから、燃料の分子と空気中の酸素の分子とがすばやく反応するように、どこまでも均一に混合する方法を考える。

ふたつ目。シリンダー内の空間を、点火による燃焼がきれいに広がるような形状にする。

ひとつ目の解決策。混合気のムラを最小限にするため、混合気を噴射する噴射孔の数を増やした。数を多くすればするほど、混合気は均質になるはずだ。さらに、燃焼の速度を上げるには、この混合気を勢いよくシリンダー内に噴射して混合気の流動を強くしてやればよいだろう。そうすれば、点火によって生じた火炎が広まる速度が上がるはずだ。開発陣はこの発想にしたがって、混合気の流れを強力にすると同時に噴射圧力を一層高め、混合気を五つの異なる方向に噴射できる燃料噴射機構、マルチホールインジェクターを生み出した。この噴射方法を採用すれば別の効用も生まれる。それは潜熱効果と呼ばれるもので、真夏の街角で頭上から霧状にして噴射される冷水で涼しさを感じるのと同種の効果だ。この潜熱効果によって、混合気の温度を下げられるのだ。シリンダー内部の温度が下がれば、その分、シリンダー内部の圧力の上昇が防げる。つまり高圧縮化に寄与するというわけだ。

ふたつ目の解決策。ピストンが圧縮の動作に入ると、シリンダー内部の空間は、大雑把に表現すれば、お椀をひっくり返したような形状になる。点火プラグはお椀の高台（つまりシリンダーの最上部）の中心にあたる部分に付けられる。この点火プラグからシリンダー内部の各部位との距離に注目すると、周辺部までの距離よりも、ほぼ平らなピストン上面の真ん中までの距離がはるかに短くなる。短いということは点火プラグとピストン上面との空間にある混合気が速く燃え尽き、その圧力が点火プラグからシリンダー周辺に向かっている燃焼部分と干渉し、燃焼速度に影響を与えてしまうことになる。これを防ぐために、ピストン上面を高台の形状に似た凸面状にしてシリンダー内部の空間をお椀型から丸い屋根型のような形状に変える。さらに凸面にしたピストンの点火プラグに近いところを凹面にして、そこに小さな空間（キャビティーと呼ぶ）をつくる。こうすれば点火プラグによって発生した火炎が均一にしかもすばやく混合気を燃焼させられるのだ。

次に、懸案の残留ガスの削減はどうすれば達成できるのだろうか。混合気の燃焼後に排出されずに残ったいわゆる残留ガスが、新たにシリンダー内部に満たされた混合気の温度を上げてしまう。混合気の温度が高くなればなるほど、すでに述べたように、自己着火の可能性が大きくなる。さらに悪いことに高圧縮化すればするほど混合気自体の温度も上昇し、ますます自己着火を誘発しやすくなる。

今、圧縮比が一〇、残留ガスの割合が一〇パーセント、これが製品化されているエンジンのノッキングが防げる水準であるとすると、点火直前の混合気の温度は、約五六〇度。つまり一般的には、これがノッキングを防げる限界の温度だと考えられる。次に、一〇パーセントという残留ガスの割合はそのままにして、このエンジンの圧縮比を一四に上げた場合、点火直前の混合気の温度はどうなるか。圧縮比を上げると当然温度は上昇するので、混合気の温度は約七〇〇度になる。圧縮比一〇のときの温度と比較して一三〇度も高い。これではエンジンを連続して回せない。

今度は、残留ガスの割合を低減できた場合を考える。残留ガスの割合を四パーセントとした場合、点火直前の混合気の温度は約四八〇度と低くなる。圧縮比一〇の場合と比較して八〇度の余裕（560−480）がある。このように温度が下がるのは、次の理由からだ。残留ガスは高温であるためその残留の割合が大きいほど、新しく取り込んだ混合気の温度上昇に対する影響が大きくなる。具体的には、新しく取り込んだ混合気の温度が二七度とすると、残留ガスの割合が一〇パーセントの場合、混合気の温度は九九度にまで上昇。これが四パーセントの場合には、五六度にまで下がる。この差が両者の点火直前の温度の差となって表れるわけだ。残留ガスの割合が低下すれば、その分、混合気の温度が下がるわけだから、その温度が下がった分、圧縮比を上げる余地が生まれる。残留ガスの割合一〇、圧縮比一〇で、点火直前の温度は五六〇度だった。それでは、残留ガスの割合を四パーセントに下げられた場合、点火直前の温度五六〇度を限度にしたとき、圧縮比はいくつまで上げられるのか。実験では一四までは可能だと結論づけられた。これが開発エンジニアの答えだった。つまり、残留ガスの割合を六〇パーセント削減できれば、圧縮比は一〇から一四にまで上げられることになる。高圧縮化に向かおうというとき、残留ガスを削減したときの効果はことほどさように、きわめて大きいのだ。

ここでもう一度、エンジンの仕組みを見てみよう。エンジンのシリンダーの上部には、混合気をとり入れるための吸気口と吸気弁、そして同じく燃えたガスを吐き出すための排気口と排気弁がついている。それぞれの排気口は排気管につながっている。排気管は車体の後ろに向かってフォークのような形状をしている。シリンダーから伸びている排気管がある箇所でひとつにまとめられ排気ガスを空気中に放出するのだ。したがって、シリンダーが複数のエンジンの場合には（乗用車の場合、単気筒エンジンは例外的な存在だ）、フォークの先が複数になっている。製造コストを考えると、排気管はできるだけ短いほうがよい。ところが、短くするほど残留ガスの削減をめざす場合には障害となる。具体的にはこうだ。シリンダーが四つある場合、三番目のシリンダーの排気弁が開いた直後には、排気ガスが高圧で排出される。これがそのまま素直に排気管からすべて排出されれば問題はない。

しかし、排気管は通常、フォークのような形状をしている。つまり、一番から四番までのシリンダーから伸びた排気管が、一カ所でまとまりひとつになる。このフォーク形状が原因で、三番から高圧で排出されたガスの圧力波が、素直に後方に向かわずに、排気行程を終わって吸気行程に入ろうとしている一番目のシリンダーに押し寄せて、一番から排出された排気ガスの一部がシリンダーに押し戻されてしまう。これが一般的に排気干渉と呼ばれている現象だ。この現象が残留ガスの量を増やしてしまう。つまり、排気管がつながっていることによって、その中がいわば一方通行にはなっていないために、排気ガスが逆流するのだ。フォークの先を短くすればするほど、この逆流の影響は大きくなってしまう。乗用車全体の設計という観点からすれば、排気管をできるだけ短くしたい。そのほうがエンジン自体をより小型にできしかもコストの削減につながるからだ。しかし、このように短くすればするほど、残留ガスの問題は大きくなる。そうなれば、ますますノッキングが発生しやすくなる。

たとえコストがかかっても、高圧縮化のためには排気管の対策はどうしても避けて通れない、というより、排気管に工夫をして残留ガスの量を低下させることが、すなわち自己着火を防ぎノッキングを制御するきわめて有効な手段となるのだ。

排気干渉の原因が排気管の短さにあるのだとすれば、それを防ぐためには排気管を長くすればよいことになる。これによって、あるシリンダーの排気ガスが他のシリンダーの排気口に到達するまでの時間が長くなり、その分、干渉の度合いが減るという理屈が成り立つ。実はこの排気干渉を軽減するための工夫を施した排気管の仕組みはすでに存在していた。4-2-1排気という仕組みがそれだった。ちなみに、右に紹介した四本を一度に一本にまとめる仕組みを4-1排気と呼んでいる。

この仕組みでは、四つのシリンダーからの排気管を一挙にまとめてしまうのではなく、まずは一番と四番、二番と三番の排気管をひとつにまとめる。つまり先が二本のフォークを二本つくり、さらにその二本のフォークの柄を一本にまとめるのだ。こうすれば、三番からの排出ガスが排気管の中を逆流して一番に届くまでに距離が遠くなった分、到達にかかる時間が長くなるので、一番の排気を妨げる度合いが軽減され、残留ガスも減少する、というわけだ。うまく設計すれば、隣のシリンダーの排気口に排気の圧力波が到達したときには、もう排気バルブが閉まっており、干渉がなくなる。それだけではない、排気のタイミングを適切に調整すれば、逆に、車体後方に向かう排気圧力が負圧となって作用し、隣の排気を吸い出す働きをしてくれることもあるのだ。

本来、4-2-1排気には従来から広く知られていたように、エンジンの出力を向上させるというすぐれた機能がある。したがって、人見の考えた4-2-1排気はノッキング対策の機能と同時に、エンジン出力そのものの向上にも効果があるのだ。まさに一石二鳥ではないか。

こうしてノッキングを制御する手法・メカニズムが確立していった。

とはいえ、この4-2-1排気はいいことずくめではない。

エンジンの動力性能という見地からは、コストが高いながらも、高性能化に有効であることは明らかだったものの、エンジンの環境性能という見地からは問題があった。具体的には、排気ガスを浄化する機能を持っている触媒が、エンジンが始動したばかりでまだ冷えた状態のときに、働いてくれない、これが問題だった。触媒は、エンジンから伸びた排気管のはるか後方に付けられている。4-2-1排気は排気管が長いために触媒まで到達する過程で排気ガスの温度が低下する、というより、エンジンが冷えているうちはなかなか満足なレベルにまで上がってくれない。触媒が動作する温度は四〇〇度あれば足りると言われている。しかし、4-2-1排気の場合の排気ガス温度は、エンジンの始動直後は、二〇〇度から三〇〇度程度と低い。この対策として点火時期を遅らせてやれば、シリンダー内の混合気の温度は上昇するものの、そうなると今度は燃焼自体が不安定になってくる。

燃焼が不安定になるのを防ぐ有効な手段は、混合気の燃焼速度を上げてやることだ。

ここで効果を発揮するのが、例のピストンに設けたキャビティーだった。エンジン始動のときだけ、つまり冷えているときだけ、この部分に燃料を集中させる、つまり燃料の濃い混合気を送り込んで、意図的に自己着火に近い燃焼を起こさせる。この状態はせいぜい二〇秒間もあれば十分だ。その後は通常の燃焼状態に戻す。こうすることによって、エンジン始動直後の冷えた状態のときでも、安定的な燃焼を維持しながら、同時に触媒が機能する温度を確保して環境性能の問題を克服していった。この工夫のおかげで、エンジン冷間時の最初の二〇秒間のためだけに補機を追加する必要がなくなり、重量とコストの増加からも解放されたのだった。

もうひとつのハードル、プリイグニッション

4-2-1排気という手段を駆使して可能な限り理想的な燃焼の環境をつくりだすことによってノッキング制御の能力が向上し、高圧縮化に大きく前進した。しかし、克服すべき課題はこれで終わったわけではない。エンジンを高圧縮化すればするほど、実は、それに伴って生じる可能性が大きくなる現象が存在していた。それがプリイグニッションと呼

ばれるもうひとつの異常燃焼だった。言い換えれば、これこそ、開発エンジニアにとってはノッキングを克服した次の段階に待ち受ける大きな技術的ハードルであり、最悪の場合、エンジン破損につながる困った現象なのだ。

このプリイグニッションは、混合気の燃焼の拡散とは無関係に起こる。つまり超高圧縮化した混合気が非常に高い圧力と温度になることによって引き起こされる自己着火現象だ。通常は簡単に見られる現象ではない。しかし、混合気の燃焼にとって不利な条件が重なった場合、発生するリスクが存在している。そしてこのリスクは、エンジンを製品化する以上、ごくごく珍しい現象として無視するわけにはいかないのだ。不利な条件とは、たとえば、構成部品のばらつきによる高圧縮化、カーボンの付着による高圧縮化、走行環境の高温化、使用燃料の低いオクタン価つまり品質の芳しくない燃料などだ。どれも一般消費者の使用環境では十分に考えられる条件だ。

したがって、マツダがエンジンの高圧縮化を図る以上、このような望ましくない使用条件のもとでもプリイグニッションを抑制する技術の確立は、避けて通れない。

開発陣はまず、プリイグニッションという異常燃焼を意図的に起こして、そのときエンジンが動作しているさまざまな条件とプリイグニッションとの関係を詳しく検証した。そしてどのようなときにどのような条件下ならプリイグニッションをするのか、またどのような条件なら正常燃焼を維持してくれるのか、そのデータをとった。具体的には、例の開発用エンジンを使い、ピストンの最も高い位置（上死点という）から下がっていくときの位置と、熱の発生量の大きさを連続的に計測する。プリイグニッションによる異常燃焼を引き起こすときには熱量が急激に上昇する。また一方で、ある位置にまでピストンが下がると、混合気の燃焼速度が十分に速くなるため、熱量の急激な上昇がなくなり、したがってプリイグニッションとは縁が切れて安定した正常燃焼となる。この様子のデータを地道に蓄積してチャートに落とし込み、異常燃焼と正常燃焼との境界を可視化したのだ。さらにはそれを具体的な実験式に落とし込んだ。

もしこの実験式が一定の普遍性を持つなら、異常燃焼と正常燃焼との境界領域を見きわめて、異常燃焼の予兆を把握し、回避できるはずだ。

そこで彼らが頭に浮かべたのが、リーベングッド＝ウー積分だった。この耳慣れない専門用語をごく大雑把に説明すれば、火花点火機関における未燃焼エンドガスの温度変化、圧力変化を計測したうえで、ある仮説のもとに、実際のエンジンのノッキングに関してプリイグニッションの発生時期を予測する手法のことだ。世の中に広く知れ渡っている計算式であり、これから導き出される予測と実際の実験結果とはなぜか比較的よく一致すると言われている。

なんと幸運にも、プリイグニッションに関して彼らが導き出した実験式が、このリーベングッド＝ウー積分の式にきわめて近かったのだ。こう書いてしまえば、ただの数式の検証のような印象に終わるかもしれない。しかし、それまでは、高圧縮化したエンジンを回し続ければどんな現象が起こるのかを突き詰めた経験がなく、したがってこの式にまつわる詳しいデータが世の中にはほとんど存在しなかった。人見流の「振り子を振る」手法を徹底して貫いたからこそ得られた結論であり、実験式だった。

これによって、プリイグニッションを予測する手段が、経験的な知見から客観的論理的な知見へと転換したのだった。プリイグニッションの発生を論理的に推測できる。論理的に推測できれば、その対策への道が開ける。これは質的な大転換、ノッキング現象克服への大きな一歩となった。

これを足がかりに、開発陣は、シリンダー内の圧力の変化を常に検知し、その計測値を彼らの実験式にあてはめることによって、確実につまり論理的にノッキングの発生を予測する文字通りマツダ独自のノウハウや技術を確立していく。

量産エンジンに、ノッキングを制御する目的でシリンダー内の圧力の変化を常に検知する機能を追加するという発想はきわめて斬新なものだった。しかも、シリンダーに取り付けるための圧力計自体の設計製作はできない相談ではなかった。しかし、物理的には可能でも、量産エンジンへの追加には困った問題があった。実験室のエンジンなら圧力計がどんなに大きくても、また取り付けが難しくても、力ずくでなんとかなる。しかし、量産エンジンのすべてに取り付けるとなると、エンジンの設計や製造上の問題はとりあえず無視するにしても、車両の価格に直接跳ね返ってしまう。平たく言えば、とにかく高くつくのだ。これは製品の競争力の面から許容できない大問題だった。

それでは、この圧力計に代わる手段はないのか。

開発陣は、プリイグニッションの現象を観察するうち、混合気の燃焼によって生じるイオンに注目した。点火されて燃焼が広がっていく混合気の先ではプラスのイオンが観察され、逆に点火プラグの周辺にはマイナスのイオンが集まってくる。いろいろな実験を重ねるうち、このマイナスイオンの集まり方と、プリイグニッションのタイミングとの間に明らかな相関関係が認められたのだ。つまり、プリイグニッションが起こる前後のタイミングで、点火プラグに流れるマイナスイオンの電流が増加するという関係だ。圧力計設置の目的は、シリンダー内の圧力の変化を検知して、プリイグニッションを予測することだった。マイナスイオンの電流でこれを予見できるなら、圧力計に代わる手段になるはずではないか。

そこで、混合気に常に触れている点火プラグに検知センサーの役割を与える工夫をした。具体的にはイグニッションコイルを含む電気回路によってイオンの発生を検知できる機能を付け加えたのだ。この機能付加のコストは圧力計とは比較にならないほど低い。

こうして、ノッキングの抑制とプリイグニッションの抑制、両方の技術を確立させることによって、高圧縮化に伴う異常燃焼という課題を克服したのだった。

世のエコカーに内燃機関で真っ向勝負を

「人見さん、エンジンの高圧縮化は4 - 2 - 1排気は確かに有効です。しかし、コストが高いことが大問題ではありませんか。付加価値の高い高性能車ならともかく、小型で価格も厳しいBセグメントのクルマであるデミオまで全部4 - 2 - 1排気にする、というのは……」

「賛成です。設計や製造のほうから見ても、大いに問題です。大きくなった排気管をどうやって小さなエンジンルームに押し込むんですか。へたをすると、エンジンがドライバーのほうにはみ出して来てしまいますよ」

果たして本当に製品になるのか？　周辺にはそんな声も小さくなかった。

人見の答えは単純明解だった。ＨＣＣＩという理想のエンジンに向けて必要と判断すべきことはすべてとり入れる。クルマのセグメントによって差をつけることは一切しない。コスト削減は重要、しかし、それは必要なものまで削れという意味ではない。

４‐２‐１排気はのびのびエンジンにとって不可欠な、しかもその中核となるべきメカニズムだ。したがって、排気量に関係なく、マツダ車に積むすべてのエンジンに採用する。必要なコストはかける。妥協はしない。

大きすぎる？　エンジンがドライバーのほうにはみ出す？　それはまた別の問題ではないか。その解決方法はきっと見つかる。見つけてみせる。人見をはじめ開発エンジニアの信念は変わらなかった。

その解決方法は次の章で改めて紹介する。

ノッキングを完全に制御して過去に例のない高圧縮エンジン＝高熱効率エンジンをなんとしても生み出してみせる。

人見のパワートレイン開発本部は、こうして、ノッキングを克服するための自己着火の制御技術と、残留ガス削減という斬新な発想の機能を持たせた〝古くて新しい〟4‐2‐1排気の技術、このふたつのテクノロジーの確立に突き進んでいった。

人見がパワートレイン開発本部の副本部長になってからほぼ一年が経過した二〇〇八年八月、この世界一のエンジンに向かって突き進む開発の状況に手応えを感じた金井や藤原をはじめとする経営陣は、サステイナブルZoom-Zoom宣言に新たな具体的目標を公表する。それは、二〇一五年までに世界中で販売するマツダ車の平均燃費を、二〇〇八年度比で、言い換えれば七年の間に三〇パーセント向上させる、という目標だった。実はマツダは、最初にZoom-Zoom宣言をした二〇〇一年から七年間で予告通り国内で販売するマツダ車の平均燃費を三〇パーセント向上させていた。二〇〇一年から七年かかって達成した三〇パーセントの燃費向上の対象は国内販売の数だけだった。ちなみに二〇〇八年の国内販売台数は二一万九〇〇〇台。ところが、今度は、同じ七年という時間のうちに、さらに三〇パーセントの燃費向上を、国内だけではなく、広く世界中で販売する台数を対象に達成してみせるというのだ。二〇〇八年の世界販売台数合計は一二六万一〇〇〇台。対象の数字がひとケタ違う。しかも、二〇〇一年から二〇一五年までの一四年間で、あくまでも内燃機関による駆動装置を核にしてざっと七〇パーセントもの燃費性能の向上を図る、という。その達成の困難さは素人目にも明らかだった。

本当か？　これはマツダがハイブリッド車や燃料電池車の開発の出遅れをごまかす方便ではないのか。この発表を聞いたメディアの反応は、どちらかと言えば冷めていたといってよいだろう。

こうして七年以内にマツダ全車平均で三〇パーセントの燃費向上を達成すると宣言してからわずかにひと月後の九月一五日、あのリーマンショックが起こる。これによって世界的な金融危機が誘発されてしまう。世界の経済界産業界が大混乱に陥り、自動車業界もそのあおりで深刻な打撃を受けた。マツダの経営もその直撃を受ける。急激に経営状況が悪化。マツダのショックはとりわけ大きかった。二〇〇一年度以降それまで、業績が順調に回復軌道に乗り、前年の二〇〇七年度には売上高三兆四七五八億円、営業利益一六二一億円、当期利益九一八億円と、どれもが過去最高の数字を計上、アドバンスメントプランという中期経営計画をテコに、成長軌道に乗せようとしていた矢先のことだったから、なおさらのことだ。

社長の井巻久一そして副社長の山内孝は、資金繰りに奔走し、結果的に千数百億円の借入金で急場をしのぐことになる。もともとこの二〇〇八年度は年初からキャッシュフローは苦しい状態だった。第1四半期マイナス一三九億円、第2四半期八三億円。そこにリーマンショックで結果的にその直後の第3四半期つまり、一〇月から一二月の三カ月のキャッシュフローはマイナス一七四五億円となり資金繰りが一気に厳しい状況に陥ってしまったのだ。

マツダは、この激変した経営環境に対処するため、経営陣の体制の刷新に踏み切る。二カ月後の一一月一九日には、エンジニアでフォードの経営者からはミスター・マニュファクチャリングと呼ばれていたほど生産・製造に明るい井巻が社長から会長に、社長兼CEOの椅子は財務に強い山内が引き継ぐことになった。嵐のような経済環境のもとでも舵取りができると期待されての人事だった。

そしてこのとき、マツダにとってもう一件、〝歴史的なできごと〟が起こる。

リーマンショックでやはり経営に大きな影響を受けたフォード・モーター・カンパニーが、保有しているマツダの株式四億七三五三万株のうち二億七八〇四万株を一一月一九日までに売却したのだ。この売却により、彼らのマツダ株式の保有比率が、三三・三八パーセントから一三・七八パーセントにまで減少した。

この売却を受けて、マツダはその直後に「フォードとの戦略的提携関係は従来と変わらず継続していくことで両社合意」と発表しているものの、一九九六年から続いてきたフォードの〝くびき〟から解放されたことは否定のしようがない事実となる。したがって、おそらく、もし経営上重大な決断をしなければならない局面になったときも、フォードとの協議や交渉話し合いの質がそのまま維持継続されるとは考えにくい。ということは、開発の分野で言えば、二〇〇六年末に金井がフォードとの交渉のために決行したあの〝弾丸ツアー〟に、金井は再び出かけなくてもよくなったと考えても、それほど間違ってはいないだろう。

人見個人にとってもこれは悪いニュースではなかった。二〇〇七年にパワートレイン開発本部の副本部長になってからはとくに、フォードの技術者が頻繁にのびのびエンジンの開発状況を偵察に来ては、逐一その様子を本社に報告していた。この技術者の態度ははっきりしていた。フォードが正しく、マツダの新技術は困難だ。それだけではない、人見に向かって「リディキュラス（バカげている）」と言ったという。とんでもなくコストが高く、実現も危うい。人見は、こんなやりとりをしていたおかげで、彼らとの人間関係までおかしくなったと振り返っている。もうこんな日常ともお別れだろう。

リーマンショックはつらい。他の自動車会社の例に洩れず、マツダも大ピンチ。しかしピンチに陥りながらも、このフォードのマツダ株売却に限っては、マツダにとって必ずしも悪い〝事件〟ではない。かえって、のびのびエンジンやのびのびパワートレインをマツダ独自の意志と実力で、文字通りのびのび開発できる環境を構築できる可能性が大きく広がったのだった。

ただし、急激に悪化していく経営環境のもとで、マツダがこののびのびエンジンの開発を続けられるのか、あるいは続けるべきか、これは大きな問題であり、まさに〝思案のしどころ〟となった。

5

ロマンを追っても、決してソロバンは忘れない

のびのびエンジン、のびのびパワートレインの開発をそのまま継続すべきか否か、二〇〇九年の春、マツダにとってまさに正念場、〝思案のしどころ〟のときを迎えていた。

二〇〇八年九月に起きたリーマンショックにより世界的に経済が混乱、他の自動車会社と同様、マツダもその影響からは逃れられず、二〇〇八年度の業績は大幅に落ち込んだ。二〇〇九年三月に締めた決算の数字によると、売上高は二兆五三五九億円。前年度の売上高が三兆四七五八億円だったことと比較するとなんと九三九九億円も減少、率にして二七パーセント、四分の一以上の減収となった。本業の儲けを示す営業利益の項目に至っては、利益を計上するどころか損失が二八四億円、最終損益もなんと七一五億円の巨額赤字。前年との比較では、それぞれ一九〇五億円、一六三三億円という大幅な落ち込みになった。

年間の販売台数も減少する。具体的には、二〇〇七年度より一〇万二〇〇〇台、率にして七・五パーセントも少ない一二六万一〇〇〇台という数字になってしまった。とくに、同年度最後の四半期、つまり二〇〇九年一月から三月における国内工場の稼働率はなんと五〇パーセントを切っていた。ほんの短い期間のことだとはいうものの、マツダは〝仕事がない〟状態を経験したのだった。史上最高の売上高、史上最高の営業利益、純利益を計上した前年、二〇〇七年度の業績からは想像ができないほどの急激な様変わりだった。

全部門結束してリーマンショックを乗り切れ

悪いときには悪いことが重なるものだ。リーマンショックは為替相場が急激に変動する引き金ともなった。輸出するには不利な円高が進行し、これがさらに経営の足を引っ張る。国内工場で生産する乗用車の七割以上を輸出、全販売台数の八割前後が海外という生産・販売の構造を抱えているだけに、マツダに対する為替の変動がもたらす影響はきわめて大きい。つまり同社は一般にいうところの為替感度が高い企業なのだ。したがって、円高になれば収益の減少が顕著に表れてしまう。前年の二〇〇七年度通期では一ドル一一四円であったものが、円高が進行した〇八年度通期では一〇一円。ユーロは同じく一六二円が一四四円となり、他の通貨と合わせて合計で一〇二〇億円の為替損失を計上、損失をさらに拡大させていた。そのうえ、翌年二〇〇九年度の為替相場も円高がさらに進むと見込まれ、ドルが九五円、ユーロが一二五円という数字を前提に経営を考えなければいけない、言い換えれば、ドル九五円でも利益を生み出せるような経営の舵取りを迫られていた。

問題はこれだけではなかった。純有利子負債が急激に増加したことも、頭の痛い問題だった。二〇〇七年度にはようやく純有利子負債額を二八一一億円にまで減らし、自己資本比率を五一パーセントにまで減少させていたにもかかわらず、〇八年度になると逆にそれを五三二六億円、同じく一二九パーセントにまで増加させてしまっていた。ややおおげさに表現すれば、有利子負債がたった一年でほぼ倍増したことになる。市場における需要の落ち込みや円高の進行によって、同社の製品のコスト削減や固定費削減の努力が相殺されてしまうだろうと予測、二〇〇九年度の売上高見通しを〇八年度比でさらに二〇パーセント減少の二兆三〇〇〇億円、損失を五〇〇億円とした。先行きは暗かった。

こうして、二〇〇七年度から二〇一〇年度までの四年間の中期経営計画、マツダアドバンスメントプランの目標、グローバル販売台数一六〇万台、営業利益二〇〇〇億円は、二年目にして大幅な見直しを迫られる状況に陥ってしまう。

組織というものには、たいてい目には見えない壁がある。組織が大きくなれば部門間の壁も高く、そして厚くなる。しかし、リーマンショックによって先行き不透明な危機的状況の中で、自分の部門の都合や利益を利己的に追求しているヒマがなくなった。二〇〇八年四月に常務執行役員、生産を統括する技術本部長となっていた現・社長の小飼雅道は、リーマンショックから数カ月後の二〇〇九年初頭、現行製品の徹底的なコストダウンに邁進したことを明かしている。

自動車会社には、完成した製品あるいは販売している製品をビス一本にまで分解して（ティアダウンという）さまざまな検討を加えるための施設がある。そこで、この施設に生産技術や開発そして購買などを担当する役員のほぼ全員が結集し、当時生産されていたモデルを一台一台分解し、そのコストダウンを検討した。ひとつのモデルを分解するたびに、朝から晩まで一日中検討を加え議論を戦わせ、そしてアイデアを生み出す。こうしたモデルごとのコストダウン検討作業はほぼ週に一回のペースで行なわれる。これが半年間続くという徹底ぶりだった。彼らの視点は、自分の担当部門の立場からのそれではなく、マツダ全社としての視点だった。彼らの検討作業はどこまでも徹底していた。

「この部品の生産識別用ワッペン、付けておいてほしいのか？　一枚一〇円もするぞ。ワッペンがなくても現場は姿形で判断できるだろ」

「この内装品の保護用包装は厳重すぎないか？」

「輸送するときに傷つくと困るので、サプライヤーさんにはそのようにお願いしています」

「その包装のコストは一枚一〇〇円か。部品本体の入り値の一〇分の一もするのか？　輸送作業の質が、一〇個に一個の割合で品物に傷をつけるほど低いわけはないだろ？」

また、ヘッドランプの構造も基本の三層構造からはずれ五層構造のものもあった。設計者の趣味がコストを上げているではないか。さらに細かいところでは、計器盤のメーターの指針が車種ごとに異なり、あらためて数えてみるとなんと五〇種類もあった。

ちなみに今ではこの指針の種類はモデル使用の共通化を図り、ほぼ一〇分の一に削減されている。

習慣的に〝これが当然〟と考えられていたことをいったんすべて排除し、コストが最低になるよう全員で考え抜いた、と小飼は振り返っている。

「このリーマンショック後のコスト削減活動は、全員の手柄ですよ」

実はこれがモノづくり革新の原点となる発想だった。

内燃機関こそマツダの生命線

リーマンショックが招いた危機に対するこうした取り組みと並行して、新世代製品のための技術開発に取り組んでいる部門もさまざまな議論を繰り返していた。

のびのびエンジンやのびのびパワートレインなどはまだまだ開発途上にあり、将来間違いなく完成するという確証はない。そうした研究開発を従来通り続けていていてよいものか。もっと確実性の高い他の選択肢を考える必要があるのではないか。

当時、世の自動車市場では、消費者の関心が高まる一方になっていた環境性能を追求した乗用車の開発競争で、とりわけトヨタとホンダの二社がハイブリッド車を武器に国内外の市場で着々と実績を積み上げていた。とくにトヨタの場合にはそれが顕著で、二〇〇八年一年間の国内外のハイブリッド車販売実績は合計で四二万九四一五台に達していた。国内市場ではハイブリッドといえばプリウス、という印象が強い。しかし一九九七年のプリウス誕生以来一〇年が経過した二〇〇八年には、トヨタのハイブリッド方式を持つ乗用車の品揃えが、クラウン、エスティマ、レクサスLS600といった主力車種を含め全一〇モデルにまで拡大していた。四三万台といえば、同時期のマツダ全生産台数のほぼ三分の一という数字だ。また約四三万台のうち国内の販売台数は約一〇万四〇〇〇台。対して二〇〇八年度のマツダの国内販売台数は約二二万台であるから、これはマツダ車の半分に迫る数字といってよいだろう。つまり国内でマツダが内燃機関の乗用車を二台売るごとにトヨタはハイブリッド車を一台販売していたことになる。これでは環境性能重視のクルマという観点から、マツダの影が薄くなるのも当然だった。

本当に内燃機関だけに集中していてもよいのか、のびのびエンジンは果たしてモノになるのか。二〇〇九年に至るまでの過去一〇年間のハイブリッド車を代表格にする環境性能に優れると評価されるいわゆるエコカーのこうした開発・販売動向を見れば、マツダもこれに乗り遅れないうちに何らかの有効な手を打つべきではないのか。とりわけ、消費者と直接接している販売店の懸念は大きかった。マツダは技術的に遅れているのではないか、マツダのハイブリッド車はいつ出すんだ？ これは顧客の声でありまた同時に各地の販売担当者の広島に対する声でもあった。

その広島の本社内にもまた、懸念の声があったのだ。

のびのびエンジン、のびのびパワートレインの研究開発に対する資金負担も小さくはない。二〇〇四年以降は年間の研究開発投資が九〇〇億円を越えた高い水準が続いていた。二〇〇七年度には一一四四億円にも達している。低迷している目下の業績で、これからも一〇〇〇億円レベルの資金投入が続けられるのか。トヨタやホンダが攻勢をかけているハイブリッド車の計画をわれわれも考えるべきではないのか。電気自動車を真剣に検討しなくてよいのか。

フォードの技術者からではなく、それまでののびのびエンジンの開発に多少とも疑問を持っていたマツダ社内の人たちからも、リーマンショックを契機にさまざまな意見が噴出したのだった。業績がますます悪化して、いやたとえ悪化しなくても、手遅れにならないうちに、開発方針の転換を真剣に模索すべきだ。現状の開発がうまくいかないとわかったときには、もう遅い、方向転換するなら今のうちだ。無理な話は、早くあきらめたほうがいいのではないか。

こうした意見が出てくるのも、世の中の経済状況、マツダの経営状況を勘案すればもっともな話だった。

マツダを注視しているメディアの論調も、概ね似たようなものだった。マツダはこのまま突っ走って本当に同社が設定したゴールに到達するのだろうか。果たして強化される排出ガス規制にも時間内に対応できるのか。ゴールに到達できずに、そのうちハイブリッド車に方向転換するのがオチだろう、という冷めた見方さえあった。

それでも、経営陣の方針は全くぶれなかった。

答えは決まっとるだろ。独自技術の開発しかないだろう。当時研究開発のトップ、取締役専務執行役員を務めていた金井誠太はじめ経営陣の考えは明快そのものだった。

マツダ独自の新しい技術の開発か、あるいはハイブリッド方式か。目下のマツダが保有している経営資源では、二兎を追うだけの余裕は全くない。

開発の方向をハイブリッドに転換して資金を投入してしまえば、これまでの開発でその道筋が見えてきた世界一を目ざそうとする技術は消滅してしまう。そうなれば、ここ数年間の努力は水泡に帰す。

トヨタがすでに一〇年以上取り組んできたハイブリッドの技術にアドバンスメントプランの最終年である二〇一〇年までに果たして追いつけるのか。いや今から一〇年先であっても、追いつけるのか。たとえトヨタの現在の水準に追いついたとしても、彼らはそのころにははるか先を行っている。言い換えれば、トヨタの技術と競争するだけの技術力をトヨタの半分以下の年数でものにできるのか。答えは見えている。無理だ、失敗する。しかもハイブリッド方式に転換した場合、そこにはもうひとつ難しい課題が待っている。それは、ハイブリッド方式を採用しながら、マツダの独自性を出すことだ。そのためには、トヨタのハイブリッド技術を凌駕する水準に到達しなければならない。

こう考えてくると、マツダが得意とする内燃機関のほうが、失敗の確率ははるかに低いのではないか。しかもここ数年で、その燃焼を究める道筋がすでに見えてきているのだから、これまでの針路をそのまま維持するほうがマツダにとっては素直なそして合理的な選択だ。

環境性能向上に加え排出ガス規制の問題をクリアするという観点からも、マツダにとっては内燃機関に集中するほうが理に適っている。

排出ガス規制の中でも、欧州が規制の対象にしているのはCO_2の排出量だ。各メーカーごとに、その生産する乗用車すべての〝平均〟の数字を規制するもので、メーカーにとっては克服しなければならない重要な技術課題だ。ハイブリッド車の生産台数は、目下のところ全体の一〇パーセントに過ぎない。したがって、いくら優れているとはいえ、加えて徐々にその普及率は上がっていくと予想されるとはいえ、ハイブリッド車によって全生産車の環境性能の平均値を上げるには限界がある。それよりも、全生産車に搭載される内燃機関そのものの環境性能を全体として向上させるほうが、全車の平均値を引き上げるという観点からははるかに効率的ではないか。このほうがマツダ車を購入した顧客のひとりひとりがあまねくその優れた環境性能を享受できる。投資効果の観点からも、ハイブリッドに巨額の資金を投入するよりもマツダにとっては有利になるはずだ。

まず、基本基幹技術である内燃機関を究める、そのうえで、さらに内燃機関を核とした乗用車の性能向上に寄与する技術や電気システムその他のデバイスを開発製品化の段階に応じて付加してゆくという戦略をとるべきだ。そうすれば、他社との技術開発競争、あるいは環境性能競争で優位にたてることはあっても彼らの後塵を拝することはないはずだ。マツダはすでにこの戦略をビルディングブロック戦略と称して、サステイナブルZoom-Zoom宣言のときに公表していた。

この宣言の主でもある金井の主張はきわめて明快だった。

「生産車の残り九〇パーセントを占める内燃機関こそ、われわれマツダの〝飯のタネ〟だ」

あくまでマツダの新技術、のびのびエンジン開発成功と世界一のクルマづくりというロマンを追い求める金井をはじめとする開発陣の姿勢に、いささかの揺るぎもなかった。

このロマンに、経営企画・商品企画担当の常務執行役員・丸本明も、その冷静なソロバンの目から同調していた。ちなみに、丸本は、一九八〇年マツダ入社、フォードがマツダの経営を主導していた時代の一九九九年六月に、マツダ創業以来最年少の四一歳で取締役の椅子を与えられた人物だ。

当時の議論を、丸本は次のように振り返っている。

「実は、あの開発の進捗状況を注視する過程で、二〇〇八年の八月つまりリーマンショックの直前あたりにはすでに、翌〇九年以降は研究開発投資が二〇パーセントから三〇パーセント下がる見通しがたっていた。〇七年度の研究開発投資額は一一四〇億円。しかしこれをピークにそのあとは、必要な資金が一〇〇〇億円を切れると踏んでいた」

ただし、研究開発の対象を内燃機関以外に転換すれば、所要資金ははるかに高額になる、と考えていた。言うまでもなく、開発に必要な時間そのものも問題として浮上する。というのも、もしハイブリッド方式を自前で開発するとなれば、のびのびエンジンよりも時間がかかるからだ。つまり、丸本の立場からも、マツダにとっては地道に積み上げてきた要素技術を総動員して内燃機関に集中するほうが、投資効率もよく、しかも財政的負担も軽くなると考えていた。

したがって、総合的な観点から、サステイナブルZoom-Zoom宣言に謳われた開発の方針がマツダにとって財務的に最もリスクが少ない、経営陣はこのように判断した。

丸本の研究開発費に対する読みは正しかった。〇九年から一二年までの四年間はほぼ横ばいで九〇〇億円前後を推移している。ピークからすれば毎年約二〇〇億円の節約だ。

実は、丸本が二〇〇九年以降は研究開発費の負担が減っていくだろうと考えたのには、それなりの根拠があった。それはのびのびエンジン、のびのびパワートレイン開発の引き金を引いた、あの金井の「世界一のクルマづくりをめざせ」が、開発部門にとどまらず、設計・製造あるいは生産部門までをも巻き込んだ革新的な潮流を社内全体に生み出していたという事実だった。

突破口はタテの共通化だ

「今からずいぶん先、一〇年先の話じゃないか、それならロマンを語れるだろう。きょう明日、どうこうしろと言っているわけじゃないよ……。それともなにか、せっかくマツダに入って開発の仕事ができているのに、世界一のクルマなんかつくりたくない、とでも言いたいのか?」

すでに第二章で紹介したように、金井のこの問いかけが引き金となり、マツダ車のすべてを一新する取り組みが二〇〇五年あたりから始まっていた。それはエンジンだけではない、マツダ車のあらゆる部分をゼロベースから見直して、二〇一五年にはそのラインアップすなわちクルマの品揃えをすべて一新するという試みだ。

高圧縮化に象徴されるのびのびエンジンの開発が常識はずれだった以上に、このゼロベースからのクルマの一新は、困難な課題だった。

何年か販売してきた現行の乗用車を新型車に変える、つまりモデルチェンジして世に送り出す場合、それを構成している基幹ユニットのすべてを一気に変えることは一般的に珍しい。クルマの開発や製造のコストを抑制し、そして同時に信頼性を確保する目的から、基幹ユニットの一部だけを旧来のユニットと入れ換え、残りはそのまま継続使用して〝ニューモデル〃として市場に投入するのが一般的だ。たとえば、エンジンだけを新開発のものに入れ換えながら、これと組み合わせるシャシーやボディーには、安定した性能と高い信頼性に実績のある旧来のものを使う、あるいは、その逆の組み合わせによって〃ニューモデル〃をつくるのだ。この手法は、メーカーと消費者の両方にとってメリットがあるだけでなく、安全が重視される乗用車という製品の性格上からも、市場において常識的な新型車の開発手法として広く受け入れられている。

言うまでもなく、ロマンを追いかけるマツダの開発エンジニアの頭に、この選択肢は存在しなかった。すべてを一新するからこそ、本質的なコストの低減や信頼性の確保が可能になる。加えて、発展性革新性の面でも、一新するほうがはるかに優れているはずだ。だからこそ逆にそれに向かって前進するし、それだけの価値もある。マツダ車のすべてを一新するなどという機会は、そう滅多にあるものではない、それどころか、またとない好機ではないか。

すでに繰り返し述べているように、マツダの弱点は一モデルあたりの生産台数の少なさとその生産体制にあった。単独でしかも確実に年間生産量二〇万台あるいは三〇万台規模を維持・継続できるモデルが存在しないため、高効率で採算の合うような専用の生産ラインが思うように構築できない。にもかかわらず、単一車種大量生産を重視するフォードの流儀に適応できるような生産体制にしなければならないという難しい運用を強いられていた。これがマツダの独自性独創性を発揮するための足かせになっていた。

ロマンを実現するには、これを打破し、藤原の言うマツダの生き方をこの機を逃さず確立しなければならない。具体的にはフォード流の〝横〟の共通化ではなく、基幹となっている三車種、アテンザ、アクセラ、デミオの相互の〝タテ〟の共通化を図る。これが実現すれば、車体のサイズやエンジンの排気量などの違いを越えて、つまり、車種の違いを越えて、部品や製造工程の効率化が図れるのだ。マツダの生き方、とるべき方向はこっちだ。

タテの共通化が図れるエンジンの開発は、順調に進んでいた。マツダの生き方を実現するためには、藤原清志が本部長を務めるパワートレイン開発本部とボディーやシャシーなどクルマの骨格・構造を担う車両開発本部が代表格の開発部門と、さらには生産・製造を担う技術本部を代表格とする生産部門とが積極的に協力することが何にも増して重要だ。実は、リーマンショック以前からこの両部門の積極的な協力態勢の構築をめざしていた人物のひとりが、丸本だったのだ。

二〇〇七年春、すなわちリーマンショックからさかのぼることおよそ一年半前、常務執行役員の丸本、パワートレイン開発本部長の藤原を中心にして〝ランチミーティング〟が発足する。その目的は、もちろん、研究・開発と生産・製造両部門の協力態勢を強化すること、さらには、組織の枠を越えた有機的な関係にまで発展させることにあった。このミーティングがその後マツダ総体としても、大きな役割を果たしていくことになる。このミーティングに、関連部門の役員をはじめ本部長クラス以下、さまざまな立場の人たちが参加して議論を交わす。開発と生産両部門の人間が頻繁に同じテーブルで議論することで、立場や組織の違いを越えて協力、問題や課題の解決も円滑に進むようになっていく。役員の中には生産と設計の両方に明るい人物もいたため、このミーティングでは、テーマごとに両者の相反する言い分をじっくりと聞いたうえで、両者に対して冷静にそして論理的な観点から要求レベルを高い位置にまで持ち上げた妥協点を見いだしたり、解決策や打開策を考えたりするような姿勢が醸成されていく。

このミーティングは毎日決まって同じ会議室で開かれた。対象となったテーマは最終的には四一にまで膨らんだ。テーマごとに開発設計と生産製造の両方から責任者がその場に呼ばれ、一緒に昼食をとりながら互いに議論し検討し、そしてミーティングの最後には、出席者同士で互いの宿題を確認する。

「今日から七日の間に必ず答えを出そう」

決して、議論のための議論ではなく、出席者にとっては常に生産的な答えを手に入れ、自分の仕事が前進する、そんなミーティングになっていた。

開発と生産が対立しているヒマなどない

そもそも自動車会社という組織では、開発や設計部門のエンジニアと生産や製造部門のエンジニアの間には、対立関係とまでは言わないまでも、協調関係というよりもむしろ微妙な緊張関係があるのが一般的のようだ。開発が新車のためのある設計図を書いても、生産の側では、そんな形状の金型はつくれない、そんな部品配置では生産ラインの組み付けで手間と時間がかかり生産性が悪くなるなどと注文をつける、それではと設計図を書き直したり、あるいは逆につくれないわけはないと設計が生産に注文をつけるといったやりとりが日常的に繰り返されていた。この繰り返される交渉そのものがいつの間にか彼らの意識のうえでも〝これが自分の仕事〟になってしまっていた。自分たちの都合を優先し相手の立場を考えない無理難題の押し付け合いも、〝仕事のうち〟だったのだ。

「ここをこんな風にもっとよくしてくれよ」
「わかりました、やります」
「できたじゃないか、なんで最初からやらんの？」
「いやその、当初の目標設定がそこでしたから。それ以上は……」

設計の現場であるいは生産の現場で、この種のやりとりが繰り返されている限り、関係者がその組織の壁を越えて知恵を出し合う、つまり〝三人よれば文殊の知恵〟的な進歩は望むほうが無理というものだ。

マツダもご多分に洩れずこの例外ではなかった。また、ある意味では、なかなかこの微妙な関係が改善する兆しが見えてこなかった。というのも、経営のトップつまり社長が生産・製造畑の人物なら工場に関係の深い人たちの仕事がしやすくなり、開発畑の社長になると逆に開発系の人たちの仕事が楽になるという雰囲気に変わるという状況が続いていたからだ。

それまでマツダの開発と生産の間には、目に見えない深い溝があったという。本社の敷地内にある同じ建物の二、三、四階に生産部隊、五、六、七階に開発部隊が入っているにもかかわらず、互いに仲がよろしくない。トップが交代すると、開発と生産の力関係に大きく影響する。藤原はこんなことも言っている。

「デミオの主査をしていたとき、ある生産担当の役員から〝お前はフォードの手足か〟と言われたこともある」

マツダにはもはやそんな内輪もめをしている余裕は全くない。

もっと優先すべき仕事がある。マツダ流の生産方式を復活し、さらに発展させることだ。

マツダがフォード以前の時代に蓄積してきた生産・製造技術、つまり〝タテ〟の共通化の概念を基礎にした生産方式に関する技術やノウハウを総動員することによって、フォードがマツダの経営権を握った一九九六年以前、車体のサイズやエンジン排気量などが異なる複数のモデルを同一の製造ラインでつくり分けていた。この〝混流生産方式〟の概念を復活し、そこから全く新しい生産ラインを誕生させる。さらに、この生産ラインと妥協せずに融合する設計をクルマに施す。世界一のクルマづくりはこのマツダ流の生産方式が完成してこそ、可能になる。開発設計の担当者と生産製造の担当者とが互いに議論を戦わせるランチミーティングを核にして、優先すべき仕事についての建設的な意志の統一がしだいにできあがり、そして開発設計と生産製造との溝を埋めて世界一のクルマづくりのために乗り越えなければならない障害や課題の明確化とその克服に邁進していく態勢ができあがっていく。

そしてこの全社的な態勢づくりの一環として、生産に配属される新入社員全員が、最初の三年間、将来自分が関連する開発の部署に入ってそこの仕事を覚えるというプログラムが開始される。これは、二〇〇八年ごろ、当時開発担当専務執行役員だった金井誠太が、同じく常務執行役員で技術本部長を務めていた現社長の小飼にこの人事交流を持ちかけたのだった。二〇一〇年に小飼から技術本部長の座を引き継ぎ現在常務執行役員の座にある菖蒲田清孝によれば、現在の新人は三年で全員配属された生産の原部署に戻って、開発で学んだことを生産の現場での仕事に反映し最後まで関わっているという。このプログラムによって、開発と生産のつながりが一層強固になり、人材の流動性も高まっている。これこそ、金井のめざすハードウェアだけではない、ソフトウェアにも展開するモノづくり革新、ということになるのだろう。

「コモンアーキテクチャー」と「フレキシブル生産」

金井のロマンにしたがって、世界一のクルマをつくるためにあらゆる制限をはずして各エンジニアが考える理想を積み上げていくと、想定される製品はどんどん肥大化していった。開発の積み上げ方式は、従来の手法だった。それも、車種ごとに、そのエンジン、シャシー、ボディーなどなど、個別に積み上げていく。そのために必要な人員や時間は増える一方、しかも車種ごとに作業を行なっていたのでは効率が悪い。これは年間生産台数が一二〇万台前後のマツダの身の丈には全く合っていない。身の丈に合ったクルマづくりをするための理想は、車種に関係なくつまりBセグメントのデミオからCセグメントのアクセラそして大きなC／Dセグメントのアテンザまで一括してタテの共通化が図れる設計を施し、そして同一の生産ラインでつくれる柔軟性のある製造設備・技術を確立することだ。

これが可能になれば、かねての懸案、あの藤原が悔しい思いをしたフォード流のクルマづくりの制約から解放され、かつてマツダが培ってきた多品種を同一ラインでつくれる混流生産の手法を復活し活用できる。一石何鳥もの効果が期待できるのだ。

生産に関わるスタッフが、のびのびエンジンのびのびパワートレインの開発を横目に、「あんなもん、どうやっても入るわけないじゃろ」と冷やかにうわさしていたものが、〝人ごと〟のままで終わらず、自分たちが開発と協力しながら克服する課題になったのも、したがって当然のなりゆきだった。

ランチミーティングをきっかけにして、開発・設計と生産・製造とが同じテーブルで話し合い、「どうやっても入らない」、あるいは「どうやっても部品同士が干渉してぶつかってしまう」「そんな設計では性能が出ない」という問題をひとつひとつ解決していく。その姿勢の裏には、それまでは問題の存在がわかっていながら、製品化の都合、製造のタイミングや生産設備の更新入れ換えなどで手をつけられなかったことのすべてを一気に実現するのは今しかない、これこそ自分たちが実現しようとしていたブレイクスルーだという強い思いがあった。

金井は、このマツダが狙うブレイクスルーをふたつのことばで表現した。マツダ流のタテの共通化を「コモンアーキテクチャー」、そしてマツダ独自の混流生産の発展形を「フレキシブル生産」と名付けたのだ。両者は個別に存在するのではなく、互いに表裏一体となって初めて成立する。したがって、両者を一括して企画・実行することが前提となる。これこそが「モノづくり革新」だった。

これはあのサステイナブルZoom-Zoom宣言にも盛り込まれた。

実は、あの常務執行役員・人見光夫がパワートレイン先行開発部長時代に発想した高圧縮エンジンこそ、このコモンアーキテクチャーの代表格であり、牽引役のひとつでもあったのだ。

高圧縮化のカギは内燃機関、つまりエンジンの燃焼を究めることにある。この燃焼を究める研究そのものは、エンジンの排気量の大小とは関係がない。排気量と関係がないということは、いったん燃焼の仕方・特性はこれ、と決めて高圧縮化エンジンの実用化あるいは製品化に成功してしまえば、成功したその機構や構造をそのまま拡大あるいは縮小して大きなエンジンでも小さなエンジンでも、つくれてしまうことになる。つまり、燃焼の共通化だ。人見のエンジンはまさにこれだった。

従来は、二リッターのエンジンの場合はこんな機構でこんな燃焼が最適、あるいは一・五リッターではこんな燃焼の仕方にしよう、こんな特性を盛り込もうなどなど、個別のエンジンごとに、いわば〝最適設計〟をしていた。この作業はキャリブレーションと呼ばれており、大量の人手と時間を費やすため、エンジン開発で大きな負担となっていた。これに反して、人見のエンジンなら、個別に燃焼の検討をする必要はなくなる。燃焼を究め、メカニズムを最適化してあるために、あとは大きさによるエンジン本体の物理的な寸法の変動だけを考えて開発すればすんでしまう。もちろん開発にかかる時間も大幅に短縮できる。人跡未踏のジャングルに道を開くには時間も資金も大量に必要、しかしひとたび歩ける道ができてしまえばあとは楽に通れるのと似ているではないか。今までのエンジンの場合、隣のエンジンが切り拓いた道を通れずにいたために、同じような苦労の繰り返しになっていた。

のびのびエンジンの場合、開発は排気量五〇〇ＣＣの単気筒で行なった。これをそのまま四連にすれば二リッター、この四連の気筒をそれぞれ三二〇ＣＣ前後にすれば一・三リッターのエンジンになる。製品の特性に合わせて個々のエンジンの要求性能を満たすように燃焼を最適化するためのキャリブレーションは両者とも共通であるから、いったんこれができあがれば、あとは大きさの違いによる周辺の設計を適切に行なうだけで開発は終わってしまう。熱効率を究めるために開発した高圧縮エンジンは、マツダのエンジンの燃焼というテーマでも共通化を果たしたのだ。

同じ考え方の設計手法を用いてエンジンのつくり分けができるとなると、生産のほうは設計に注文をつける。フォード流の生産で苦労させられた経験から、これからは、同じ生産ラインで大小のエンジンのつくり分けができるようにしたい。二リッターも一・三リッターも同時に流す。こうすれば格段につくりやすくなり、製造コストは間違いなく大幅に削減できる。これを実現するための必須条件は、従来のように、エンジンごとに専用の工作機を揃えるのではなく、エンジン本体のサイズに関係なく研磨や組み付けなどの作業ができる汎用の工作機が使えることだ。

設計のエンジニアもこれには異論がなかった。一九九〇年代前半には確立していた、モデルが大小違っても同じラインで車体の組み付けをしていたあのマツダ流の混流生産方式をヒントに、双方が協力してそのためのエンジン設計の要件を検討した。最大のポイントは、生産ライン上を移動させるために固定する位置、そして研磨や組み付けなどの加工をするとき、工作機に固定する位置を共通化することだった。というのも、従来のエンジン製造ラインでは、この二種の〝位置決め〟がエンジンごとに異なるために、それに合わせた専用の工作機が必要だったのだ。こんな非効率なことはやめよう。今ならあらゆる設備を制約なしに一新できる可能性がある。

そこで、たとえば、エンジンの骨格となるシリンダーブロック（シリンダーを取り巻いている壁のようなもの。この中を冷却水が流れる）については、各エンジンの基本構造を相似形にしながら、同時に工作機が必要な加工や組み付けをするためにシリンダーブロックを〝つかむ〟位置二カ所を固定した。つまり、どのエンジンも例外なく、工作機から見て同じ位置につかむ位置があるように設計することに決めたのだ。この二カ所の位置関係は、シリンダーブロックを上から見た輪郭をロの字にたとえれば、左下と右下の角付近だ。こうすれば、エンジン本体の大きさが変わっても、全く影響はない。しかも研磨や組み付けといった本体の寸法によって変動する作業にも影響はない。変動すべき作業は、最新のデジタル技術によれば必ずしも難しいものではない。さらに、生産ライン上を工作機から工作機へと移動させる、つまり搬送させるために〝つかむ〟位置もこれと同じ考え方で双方協議のうえで固定した。四気筒エンジンの一・三リッターも二リッターも同じラインで生産できる。それぞれに要求される生産量がいきなり変動しても、部品さえ供給されれば柔軟に応えられる。

原理原則に則った車両開発

自動車の基本骨格であり、エンジンをはじめとする駆動装置や懸架装置を載せる車台、つまりプラットフォームも、のびのびエンジンと同じように、世界一のクルマをめざす過程で、マツダ流のタテの共通化を図った開発を続けていた。

人見がそのエンジンの開発姿勢を「教科書通りに考えているだけだ」と表現しているのに対して、車両開発本部長の冨田知弘《のりひろ》は「原理原則を貫いている」と表現する。

エンジンと同じように、たとえばプラットフォームの基本となるフレームの構造を決め、それを相似形に展開して大小の製品をつくっていく。フレームの衝突安全特性は相似形である以上、いったん決めたらモデルごとに最初から検証する作業は必要なくなる。しかも、軽量化を図るにもあるいはコストを削減するにも、有利であることは明らかだった。

このフレームに関して開発エンジニアの考えはこうだ。

構造体として強いフレームをつくるには、真っ直ぐであることが最善。

フレームを構成するには複数の部材をつなぎ合わせる。したがって、個々の部材の強度にばらつきがあると、そこから破綻するので、強度が同等の部材をつなぎ合わせて荷重を連続して引き受けるようになるのが最善。

単独の部材で荷重を受け取るよりも、多数の部材で分担したほうが得策。つまりプラットフォームの場合、原理原則は真っ直ぐにする「直行化」、荷重を連続して受ける「連続化」そして多数の部材で荷重を分担する「マルチパス」。

この原理原則を設計上の固定すべき要素と決める。そして車体が車軸から前後にはみ出す部分＝オーバーハング＝、床の高さ、そして前後車軸の距離＝ホイールベース＝をクルマの大小によってつくり分けられる変動要素とする。

このような設計ができ、理想に近いとマツダが考えるプラットフォームがひとつ完成すれば、ボディーの強度や精度、衝突安全の性能など、エンジンの場合と同じように、モデルごとにすべて一から開発検討をする必要がなくなる。衝突安全性能を例にとると、衝突を正面で受け止めるフレームをエンジンや駆動装置が占めるスペースの制約から曲げても仕方がないという従来の考え方を完全に否定、とにかくフレームは直行化、そのためには駆動装置側でなんとかしてもらう、という方針を貫いた。これができた背景には、あのランチミーティングの存在があった。

プラットフォームが相似形をしていれば、これもエンジンの場合と同様、生産ラインの設備にも汎用機が導入でき効率が向上する。

いわば決定版のプラットフォームから基幹車種を複数生み出せて、さらにはSUVといった派生車種もつくれる。開発投資、設備投資、製造コスト、新車開発のリードタイム、さまざまな面で「モノづくり革新」はマツダの経営環境に好循環を生み出していく。

こうした開発・設計と生産・製造両者の有機的な共同作業によって達成されたさまざまな成果の代表選手が、あのエンジンの高圧縮化にとって重要な要素となった4‐2‐1排気だろう。

すでに述べたように、エンジンの排気口からすぐに一本の排気管にまとめてしまう一般に使われている配管よりも、この4‐2‐1排気は体積が大きくなるだけに小さな排気量のエンジンルームには、なかなかおさめるのが難しいのだ。もちろん部品コストの高さも別の意味で問題だ。

「あんなもん、通したときには、人は座れんじゃろ」

「その通り。ちっちゃいクルマじゃけん、運転席が制約を受けても仕方ない」

「ばかたれ、それ一丁目一番地だと決めたじゃろ。どのクルマにも理想のドライビングポジションを追求するのが、マツダなんじゃ」


従来の、いやマツダに限らず業界における常識的な新車開発の手法であれば、無理、で話は終わっていただろう。しかし、今回は違う。クルマを完全に一新するのだ。制約はゼロ、全くない。とにかく理想を追求する、無理でも何でも、エンジンルームと居住空間の間の壁に大きな穴を開けてでも、エンジンルームに４‐２‐１排気を押し込む、これができるのは、ボディー側にも工夫をさせられる今をおいて他にない。もちろん開発側も、占有スペースが最小になるような排気管の形状を工夫する。

車体の大きなアテンザはもちろん、一番小さな全長が四メートルそこそこのデミオでも、エンジンルームにおさめたうえに、マツダが理想とするドライビングポジションを確保できた。具体的には、ハンドルとシートの中心線が一致し、しかもシートの中心に座ったドライバーの右足をまっすぐ自然に伸ばした位置にアクセルペダルがある。そんなドライビングポジションだ。従来、小さいクルマはどうしてもエンジンルームが後方に張り出したり、前輪の膨らみがドライバーの足もとの空間を狭めたりと、足もとが窮屈になりがちだった。いや、今でも市場ではそんなコンパクトカーが少なからず存在している。

理想は貫く。とにかくマツダの生き方とした、タテの共通化なのだから、モデルによって言い訳をするようなことはできない。したがって、あの小さなロードスターも、この4-2-1排気を積んだうえで、理想のドライビングポジションを確保するためにあらゆる知恵を出し合い工夫をした。その結果、運転席におさまったドライバーが真っ直ぐ手を伸ばしたところにハンドルがあり、素直に足を伸ばしたところにアクセルペダルがある。運転操作をするために多少なりとも体をひねるような、スポーツカーであることを言い訳にして不自然な姿勢をとる必要は全くない。過去三代のロードスターよりも車体を小さくつくったのに、ドライビングポジションは一番理想に近くなったというわけだ。

「シリンダーブロックのそこの肉厚、なんで三・五ミリなんや。誰が決めたんや」

「昔から三・五ミリで設計しろと言われています」

「なんやと、言われたからやってるだけか。ドイツのメーカーは二・二ミリでつくっとるぞ。できんわけはない」

「変速機のケース、成型する肉厚の限界は確かに二・五ミリですが、それだけ薄くすると強度が足りません。だから三・五ミリにしました」

「工夫が足りんのぉ。二・五ミリで成型して強度が足らんところだけリブを入れて補強してやりゃいいだろ」

「ブレーキペダルの幅が隣のアクセルペダルとの関係でどうしても広げられません。規定値に足りません」

「今のペダルの幅方向に無駄はないのか？　全幅、有効な踏面《とうめん》か？　よく見てみい」

「調べました。足裏とは関係のない面が幅方向で三ミリありました。金型を削って修正しました。これで規定値になります」

あのランチミーティングだけの功績ではないだろう。しかし、こうした積み重ねをひとつひとつ繰り返していくうちに、達成すべき目標、克服すべき課題を常に明確にして互いに協力して前進する姿勢が定着していく。開発・設計、製造・生産。従来微妙な関係にあった組織や人たちが、その物理的意識的両方の垣根を越えていわば〝腹を割って〟相談し協力すると強い。従来は、どちらかといえば、設計の求める要件を反映した図面を自分たちの都合のよいように変更しようとする受け身の姿勢であった生産・製造現場の意識が大きく変わり始めた。というよりも、受け身の姿勢から逆に設計側にアイデアをぶつけるような攻めの姿勢に変わっていく。設計する側も、製造・生産の要件を盛り込んだ図面を生産側に要求することも始まっていく。

生産の現場で設計図以上の精度をめざせ

この攻めの姿勢を見せたひとりが、製造・生産を担っている技術本部のパワートレーン部長、青田巌だ。あるとき、燃費性能を決める要因に着目する。

マツダ車全体の平均燃費を二〇一五年までに三〇パーセント向上させるためには、エンジンだけではなく、クルマのあらゆる部分を一新する必要がある。具体的な数字で表せば、エンジンで一五から二〇パーセント、変速機で五から六パーセント、各モデルの車重を一〇〇キログラム軽量化そして各種の抵抗軽減で同じく五から六パーセント、合計で三〇パーセントを狙うのだ。この総合的な燃費の改善を図るという考えのもと、公差つまり製造において許容される誤差範囲におさまっているクルマでも、燃費性能に大きなばらつきが実際には存在することに気がついたのが、さらにこれを探求しようとしたきっかけだ。従来なら、公差を満足させていれば、あとの性能は極端に言えば、技術本部の責任ではない。

しかし、青田はさらに踏み込んだ。開発中ののびのびエンジンではなく、当時販売している従来のエンジンを積んだデミオで実際に計測してみると、個体差による燃費のばらつきは、多いもので一〇パーセント以上あった。一般の消費者が一般道を走れば国土交通省に届け出た燃料消費の数字との比較で大きくばらつくのはある意味で当然だ。ところが、プロのドライバーが同じ条件のもとで同じコースを走行しても、一〇パーセント以上の増減が認められたのだった。これではマツダ車を購入した顧客に全く申し訳がたたないではないか。

青田はこの思いから、その原因を追求する。ばらつきの数字の大きなエンジンを細かく計測・分析したところ、第一の原因はクランクシャフト、つまりピストンの上下運動を受け止め回転運動に変え、そのエネルギーを変速機に伝える軸が回転するときの抵抗が大きいことだった。なぜ、クランクシャフトの回転抵抗が大きくなるのか？　この抵抗に大きく関わっていたのがクランクシャフトにつながる変速機の回転抵抗だった。すべての原因の回転抵抗に及ぼす影響が一〇〇パーセントだとすると、この変速機が占める影響度の割合は八〇パーセントを越えていた。そこで、この変速機の供給メーカーに関連データの提供を求める。しかし、ある程度までデータが提示され改善の話し合いが進んだとき、先方から相互の検討作業を一方的に拒否されてしまう。

これでは、クルマの性能を総合的に向上させることは不可能だ。それまでのマツダなら、データを取ることが自己目的化していたため、供給メーカーにデータ提出を求める以上のことはしなかっただろう。しかし、今度はそんなことではすまされない、すませるつもりもない。もともと、クルマのあらゆる部分を一新することが既定路線なのだから、解決策はひとつしかない。初期の計画通り、変速機も自社開発、これが唯一の解決策だ。具体的には、自分たちが求める回転抵抗の数値が得られる変速機を開発すればよいことだ。もっとも、その開発が容易ではないことは誰の目にも明らかであり、それは覚悟のうえだ。

二番目の原因。それはピストンだった。

ピストンはシリンダーの壁を擦りながら上下運動する。円滑に上下運動をさせるためにピストンとシリンダー壁とのすき間の関係が決められている。具体的には四〇ミクロン（一〇〇〇分の四〇ミリ）。これは世の自動車メーカーの一般的な〝公差〟だと言われている。つまり、これが上下運動するピストンにとって鉛直線から傾いてよいとする許容限度の数字になっている。実際に計測してみると、確かにピストンの上下運動を回転運動に変えるクランクシャフトの回転方向、言い方を変えれば、エンジンの横方向にピストンが傾く場合には、それが四〇ミクロンあってもそれほど問題がなかった。ところが、エンジンのタテ方向、つまりクランクシャフトの軸方向にずれる場合には、わずか一五ミクロン傾いただけで、抵抗が大きくなってしまう。

その理由はこうだ。ピストンとクランクシャフトをつないでいるコンロッドという軸の両端の部分が回転方向と直角になる前後方向に動かされてしまうために、それがピストンとクランクシャフトの動きを阻害してしまうのだ。この解決策として、現在のマツダでは、この長手方向の許容誤差を二ミクロン以内に設定している。かつての許容誤差の実に二〇分の一といういきわめて高い組み上げ精度だ。実は、こうした努力がエンジンの高圧縮化や高い信頼性を支えているのだ。ここまで精度を追い込めば、顧客に対してきわめてばらつきの少ない製品を届けられる。

エンジンの組み付けに関連したデータの収集をする目的は、設計図面の要求を満たした生産をするためにあるのではなく、エンジンそのものが果たすべき本来の機能を発揮させ、さらには向上させるためなのだ。この考え方を発展させれば、自分たちの使命は、設計図面通りのクルマを決められた時期に製造・生産するだけにとどまらず、さらに加えて、生産・製造を通じてクルマの性能を向上・進化させることにあると理解できるようになっていく。こうして技術本部の意識に変化が生まれていった。

F1エンジン並みの品質管理

こうして新たな視界のもとに捉えた自分たちの使命を追求するために、彼らは生産するエンジンの性能を総合的に計測・分析し把握する作業に着手する。従来には存在しなかった高い圧縮比のエンジンを生産するだけでなく、その性能や品質にばらつきをなくし、なおかつ信頼性を高めるため、もちろん生産効率を向上させるため、さらには開発・設計そのものの改善改良のヒントを発見するために、エンジンのビッグデータ管理を実行する。

菖蒲田によれば、それはもともとトレーサビリティー（製造履歴の記録・追跡）の確立が目的だった。この発想が当然のように、製品の開発に寄与することにまで発展している。

エンジン一基あたり、一万種類のデータを残せるという。そうなると、ある品質に関する特性をベースにして、その品質がどんな工程でどんな工具でさらにはどんな温度条件でどんな速度でそして誰によってつくられたのかといったデータが、一気に〝ひもつき〟になるのだ。ひもつきになる、つまり、膨大なデータが相互に関連しあっている様子が容易に把握できれば、因果関係の究明も容易になる。このビッグデータ管理によって次のような効用が実際に生まれている。

マツダは高圧縮エンジンの性能・品質を可能な限り徹底して管理するために、組み立て工程の最後のところに、専用のエンジン性能検査機、いわゆるドライベンチを設置した。開発現場で使用されるのが一般的なドライベンチを製造ラインにも設置するのは、自動車業界全体を見回してもなかなか例がないと思われる。もちろん、マツダにとっても創業以来初めての試みだ。ここで組み上げたエンジンの出力特性や燃費特性をその場で計測する。蓄積されているビッグデータと照らし合わせて、特性の正規分布の範囲に入っていれば一般的には合格となる。しかしそれでも彼らが合格と認めない場合がある。性能が許容範囲に入っていても、その計測データが正規分布の範囲の外にあれば、合格とする前に、分解する。場合によっては、生産ラインも止める。正規分布に入っていないのには何か原因があるはず、生産の工程のどこかで何かが起こっているのではないか、と考えるのだ。そこには、従来のように、「設計が定めた許容範囲を目一杯使い切って安定的につくるのが生産の仕事、製造の腕」という考えは微塵もない。

青田は言う。

「それくらいしないとマツダは勝てない。それ以上に、こうすればトップになれる、そんな仕事や手法を常に考えている」

菖蒲田は言う。

「データを構造化すること、それを分析し、なおかつ活用する力を持っていること。それがマツダの生産・製造部門を単にクルマをつくるところではなく、開発するところに生まれ変わらせている」

藤原は胸を張りながら言う。

「あのデータ管理と製造品質管理は、F1のレーシングカー並みだ」

あらゆる部分を一新しクルマを生まれ変わらせるからこそ、その品質管理には最大の努力を傾ける。藤原は、パワートレイン開発本部の責任者として、この姿勢を徹底的に貫いた。高圧縮のエンジンは、従来のエンジンよりも高い精度が必要なだけではない、実際の使用状況のもとでは従来のエンジンよりも繊細な管理が必要になる。たとえばこんな具合だ。圧縮比を従来より高くすれば、万が一、ピストンの上面に燃料の燃えかすがつくと、それだけで微妙に圧縮比が変化する、つまり圧縮比が上がることになる。わずかな燃えかすでさえも現実の燃焼に影響するのだ。したがって、高圧縮エンジンを積んだマツダ車が実際に使用される環境のもとでは、実質的に圧縮比が設計値よりも高くなることが容易に想定される。

はい、圧縮比一四のエンジンができました、一四での社内試験では問題ありません、どうぞ買ってください、ではすまないのだ。一四という圧縮比がマツダの実力の限界一杯であるとすれば、ピストンに燃えかすがついただけで、そのエンジンには正常な燃焼を続ける保証がなくなってしまう。そのため、藤原は、圧縮比を一五、あるいは一六に上げた二リッターのエンジンを積んだアクセラを二〇台製作、実際にアメリカに持ち込んで何万キロもの距離を走行させ、データを取っている。実用走行実験を繰り返し、エンジンが破綻する、破綻まではいかなくても変調をきたす、藤原の表現を借りれば、〝ガケから落ちた〟ときの現象を調べ上げ、ガケから落ちないための対策を練り上げたのだった。藤原は入社以来ずっと、ことあるごとに役員や上司から「品質検証は徹底的にしろ」と言われていたという。

この実用走行実験でさまざまなデータを収集し、問題点や課題に対する解決策を検討することによって品質の向上に腐心しながら、藤原はのびのびエンジンの製品化第一号を一・三リッターと決める。そして現行のデミオに搭載してリッター三〇キロの燃費性能をめざす。目標の市場投入時期は二〇一一年六月。

「あれ、第一号は二リッターエンジンではなかったのですか？　今からあらためて一・三リッターを開発するには時間がかかります」

「燃焼特性は排気量とは関係ない、共通にしたはずだろ。だから二リッターをベースに一・三リッターを開発するのは簡単じゃないのか」

つまりここで、燃焼特性を同一にするというエンジンのタテの共通化が威力を発揮した。わずか一年あまりで新型の一・三リッターエンジン、それも小型の実用車としては異例の一四という高圧縮比を達成したエンジンを完成させる。

環境性能に対する消費者の関心が高まる一方の市場で、マツダの存在感を維持するためには、燃費性能に優れたモデルをできるだけ早い時期に出す必要があった。このときのデミオの車体は旧型のため、エンジンルームに例の４‐２‐１排気を押し込むだけのスペースはなかったものの、この〝リッター三〇キロの燃費性能〟は開発陣にとって、なんとしても達成しなければならない目標になった。

独創的技術〝スカイアクティブ〟、ついに完成

二〇一〇年一月。藤原はドイツにいた。のびのびエンジンをはじめ、完全に生まれ変わ

ったマツダ車のプロトタイプをアウトバーンで試乗するためだった。見かけ上は現行のアテンザ。しかし中身は一〇〇パーセント一新されていた。金井のロマンを詰め込んだ試作車だ。寒い日だった。しかし、アウトバーンでアクセルを踏み込み、速度を一五〇キロ、二〇〇キロと上げていくうち、いつの間にか気分が高揚している自分に気がついた。追い越し車線を走っているとルームミラーに映った高性能とおぼしきアウディ製の乗用車の姿がみるみる大きくなってくる。アウトバーンでは速度の速いクルマに進路を譲るのがエチケットだ。アウディの接近の様子からして、アテンザは右の走行車線に移るものと思っていたらしい。ぐんぐん近づいてくる。それでも藤原は、ウインカーレバーに指を伸ばそうとはしなかった。反対に、前方を見据えて一気にアクセルを踏み込んだのだ。ルームミラーに映るアウディの姿は小さくなっていく。やった、設計通りだ。もう昔のアテンザではない、昔のマツダ車ではない。やったぞ、の声がその試作車の車内で爆発していた。

ひと通り試乗を終えると、車を降りるのもそこそこに、広島にいる人見に電話をかけた。

「人見さん、すぐドイツに来てくれ。試乗してみいや、すごいぞ」

これでようやく、藤原は、常に下を向きながら本社の廊下を歩くことから解放されたのだった。

二〇一五年までにこのスカイアクティブ技術から生み出す製品ラインアップ計画はこの

ときすでに完成していた。その記念すべき第一号を、山内孝が発表会で「市場を創る」と宣言したあのCX‐5にすると決まったのが二〇〇八年の春、ランチミーティングで活発な議論が交わされアイデアが生み出されることで、モノづくり革新に弾みがついたのとほぼときを同じくしている。

藤原がアウトバーンを走らせた試乗車の中でやったと叫んでから九カ月がたった二〇一〇年一〇月二〇日は、マツダにとって記念すべき日となった。すべてのマツダ車を生まれ変わらせるために開発した、エンジンをはじめ、変速機、車体、車台などあらゆるものを対象にした一連の新技術を発表したのだ。発表の対象は、新しいクルマではなく、新しく開発した一連の技術だった。マツダのクルマを一新させるこの技術は、次世代技術「スカイアクティブ」、と名付けられた。名称にある〝スカイ〟には、技術開発の可能性は大空のように無限に広がっている、という意味を込めたという。二〇〇七年に発表したZoom-Zoom宣言の目標を今から二年後の二〇一二年には達成して、スカイアクティブの技術をすべて盛り込んだ新世代のマツダ車を世に送り出すというコミットメントだった。金井のロマン、世界一のクルマづくりにマツダが公式に自信を示した瞬間だった。

マツダの自信を印象づけたのは、この発表会の冒頭に行なった社長の山内のスピーチだった。新開発の高圧縮エンジンについて「世界一のエンジンと自負している」と語ったのだ。その静かな語り口に、あとは実際にスカイアクティブ技術を一〇〇パーセント盛り込んだ新しい製品を送り出すのみ、そんな意気込みが感じられた。その先鋒となるのは、例の二〇〇九年五月に開発を決断したリッター三〇キロの燃費性能を目標としたデミオだ。山内は、発売時期は翌二〇一一年前半と発表した。電気モーターの補助のないガソリンエンジン単独のリッター三〇キロという数字は、ハイブリッド車と十分に渡り合っていける競争力をデミオに与えることになる。

「マツダは創業以来常に革新的な技術に対する挑戦を続けてきました。とはいえ、マツダ全体が生まれ変わるほどの革新に取り組んだのは、マツダ九〇年の長い歴史の中でも例がありません」

二〇〇七年にZoom-Zoom宣言、二〇〇八年春までにスカイアクティブ開発のための開発と生産両部門の協力態勢を構築し、同じ年の九月に起こったリーマンショックの影響を被りながらも開発の既定路線を維持し続け、二〇一〇年の初頭には試作車の実走実験を積み重ねスカイアクティブ技術の二〇一二年までの完成に自信を持った。こうした積み上げの結果のスカイアクティブ技術完成とその発表だった。

6

新たなマツダ・ブランド構築への道

「どうやら自分の役割は終わったな。そろそろ社長を辞めさせてもらってもいい時期だ」

社長の山内孝は、二〇一〇年度の年度末が目前に迫った二〇一一年三月の初め、密かにこう考えていた。

その五カ月前、二〇一〇年の一〇月に行なった次世代技術スカイアクティブの発表には、国の内外から大きな反響があった。山内はこれに手応えを感じ、その将来性に改めて自信を深めていた。そして山内のこの自信を後押しするかのように、マツダの業績も順調に推移、目前に迫った二〇一〇年度決算の予測数字も決して悪くはなかった。売上高は前年比六パーセント増加の二兆三〇〇〇億円、営業利益は同じく一六四パーセント増加の二五〇億円、純利益は同じく六五億円の赤字から六〇億円の黒字転換を果たすというものだった。このままいけば、四月の下旬に予定している決算発表でマツダの順調な経営状況を説明できるはずだ。二〇〇八年一一月、リーマンショック直後に社長に就任してからこのかた、苦しい経営の舵取りに忙殺され続けた当時の状況と比較すれば、自分なりになんとか社長としての責任は果たせたのではないか、だからここで一区切りつけても許されるだろう。

社長に就任した二〇〇八年度第3四半期、つまりリーマンショック直後の二〇〇八年の一〇月から一二月までの三カ月間の決算短信には、目を覆いたくなるような数字が並んでいた。営業利益は二四二億円の赤字、これは直前の第2四半期の黒字三二四億円と比較すれば五六六億円もの急激な減少だった。この次の第4四半期にはさらに赤字が拡大、なんと六四九億円を計上する。手許資金の流動性を示すキャッシュフローは一二九二億円のマイナス。しかもすでに述べたように、純有利子負債は前年の二八一一億円から五三二六億円に跳ね上がり、フォード主導で経営再建を始めた二〇〇〇年当時の四八四六億円をも上回るという危機的状況に陥っていた。俗なことばで表現すれば、お金がない、そして仕事がない、のだ。

あくまでも、反転攻勢

こうした経営環境のもとであっても、果たして世界一のクルマづくりをめざすための次世代技術の開発だけに執着していてよいのか、他の道を探るべきではないのか、といった彼らの議論や開発陣のその後の取り組みはすでに紹介した。専務以上の役員が揃って現行モデルのティアダウンに集結し知恵を出し合った半年に及ぶコストダウンの検討も紹介した。

こうした社内の危機に立ち向かっている努力を背景に、山内は経営の舵取りを預かる立場から、二〇〇七年三月に公表した中期経営計画アドバンスメントプランとサステイナブルZoom-Zoom宣言をあくまで堅持するという方針を貫き、資金不足に苦しんでいる目下の局面の打開を図る目的で、二〇〇九年一〇月には九三三億円の公募増資を実行して資本の増強に踏み切る。一方で、二〇〇五年から取り組んできたフレキシブル生産体制の効果を最大限に活用し、二〇〇九年度の設備投資を二九八億円と、前年度八一八億円の約三分の一にまで抑制するといった財務の緊縮化をも同時に図ったのだった。なかでもエンジンとトランスミッションの設備投資は一〇年前の金額の四分の一程度に抑え込んだ。

第五章でも述べたように、マツダは為替感度が高い。したがって、円高が進行し国際的な決済に使う比率の高いドルの価値が下落すれば、それに伴って収益性が低下し業績に悪影響が出る。とはいえ、マツダは円高ドル安の局面になるたびに経営の舵取りが苦しくなることを口実に、もっぱら為替感度を下げることを主な目的としてその生産拠点を海外に移転することは考えない。というのも、年間九〇万台前後を地元広島と山口で生産することを、経営のコミットメントとしてあくまで堅持しているからだ。地元に対するコミットメントをあくまでも守ったうえで為替変動への耐力を強化しようとして、山内は、国内工場の体質改善に取り組んでいた。具体的には、稼働率が八〇パーセントでも採算が取れる、利益が出る、そんな体質の構築だ。すでに紹介した製品のタテの共通化やマツダ流の柔軟な生産方式が、この目的を達成するための強力な武器だった。

こうした施策を打ちながら、二〇一〇年四月には中長期計画の枠組みを発表してあくまで既定路線を維持する方針を示し、「反転攻勢」という表現でその攻めの姿勢を表した。半年後の一〇月に発表した二〇一二年以降にマツダを支える新世代技術、スカイアクティブは、強力このうえない武器となって、この反転攻勢を成功に導いてくれるはずだ。

この読みに間違いがなければ、二〇一〇年度の末までには、なんとかリーマンショックの影響を払拭して、次の飛躍への道筋が開けるに違いない。次の飛躍の舵取り役は自分ではない、山内はそう考えていたのかもしれない。

実は、山内は「自分の役割が終わったら、辞める」と社長就任当時、公の場で語っている。それは二〇〇九年二月四日、東京都内で就任後初めて社長としてマツダの業績説明会に臨んだときのことだ。したがって、辞めようと思ったのは、かねてからその時機を探っていたことの結果であり、決して突然その頭をよぎった考えということではない。

二〇〇八年秋以来二年半の歳月をかけて、ようやくリーマンショックによって引き起こされた荒波を乗り越えた。その舵取りの役割を終えた、そして次の道筋も視界に入ってきた。そして、〝そのとき〟が巡ってきてくれた。あとふた月足らずで肩の荷が下ろせそうだ。

二〇一一年の四月下旬に予定されていた二〇一〇年度決算の説明会が終われば、山内は経営陣に辞任の意志を伝えるつもりでいた。

ところが、そのつもりになった矢先、三月一一日にあの東日本大震災が起こる。広島の本社工場と山口の防府工場の操業は、直後の一四日から二一日までの八日間、完全に停止する。こうなると、稼働率八〇パーセントなら採算がとれる、あるいは利益が出る、などといった話ではない。震災発生から一一日後の二二日からは、仕掛在庫品をやりくりして一部操業を再開したものの、全国的に、自動車会社はもちろん、部品メーカーの工場の操業も滞ったため必要な部品の供給にも支障が出て、本来の操業にまで回復するには、相当の時間が必要になると予想された。まさに非常事態。震災が起きた三月一一日から同月末までの二〇日間にマツダが生産をあきらめざるを得なかった台数は、合計で四万六〇〇〇台にものぼった。

結果的に、二〇一一年三月末に発表した決算は同年初頭に公表していた予想の数字から乖離してしまう。売上高は二兆三二五七億円となり予想の二兆三〇〇〇億円を達成、営業利益は二三八億円で予想した二五〇億円とそれほど大きな違いはない。問題は純利益だった。六〇億円の黒字転換を目論でいたにもかかわらず、なんと六〇〇億円の巨額赤字に転落してしまったのだ。

毎日毎日、一〇億円、二〇億円の単位でマツダから資金が消えていく。こんな状態では、とても社長を辞める、などということばを口にできるわけがなかった。毎日マツダという企業体から吹き出ている血をとにもかくにも止める、という仕事が山内をはじめとする経営陣に課せられた最優先の仕事になる。

どんな苦境も跳ね返す、地域のために

山内のお役御免という密かな目論見は完全に狂ってしまった。順調に運べばこの年の株主総会で、晴れて社長の重責から解放されると思っていたのに、またしても、リーマンショック直後に似た、あるいはそれ以上になるかもしれない暴風雨での舵取りを迫られている。あんな苦しい舵取りの仕事を好き好んで二度三度と繰り返したいと思う経営者はまずいないだろう。個人的には辞めたい、やっと辞められると思っていた。しかしマツダのことを考えれば、社長の椅子にとどまってマツダの舵取りを続ける以外、山内に与えられた選択肢はなかった。

当時取締役専務執行役員を務めていた現・副社長丸本明は、二〇一一年までの四年間で合計すると利益を二五〇〇億円失い、同じく現金を一七〇〇億円失ったと振り返っている。

本当に危機的な状況だったのだ。

社長の小飼雅道は言う。

「二〇〇一年二月の早期退職優遇特別プランのような苦しい経験は二度としない、と当時、役員の間では約束ができていた。だから人員削減は、リーマンのときも大震災のときもしなかったし、これからも絶対にしない」

どんなに経営状況が苦しくても、業績改善のために打つ手としての人員削減策は、二〇〇一年以降、マツダ経営陣の頭には全くない。常務執行役員の藤原清志も同じことを語っている。フォードが経営を主導していた二〇〇一年二月、新任社長マーク・フィールズのもとで中期経営計画の一環として早期退職優遇特別プランが実施され、結果的に二二〇〇人あまりの人たちが三月末でマツダを去る。実は藤原も当時〝君が主査を辞めたらデミオはどうなる〟と上司から慰留されなければ比較的あっさりと辞めていただろう、と振り返っている。気がついてみると、デミオ・チームの主要メンバー八人のうち四人が辞めてしまっていた。このプランに応じる年長者はこんなことばを口にしていた。

「これからの人たちは残れ。自分たちが出て行く」

将来のマツダは君たちに託す、と藤原は聞いた。彼らのあとに残された、というより、残してもらった者もつらい。もうあんな経験は二度としたくない、これがマツダ経営陣の一致した考えになっている。

したがって、もしこの危機的状況に耐えきれなくなり人員削減に踏み込んでいたら、という議論には全く意味がないだろう。理由は、藤原の次のことばにある。

「マツダが経営危機に陥ったのは、一度や二度ではない。そのたびに、周りから助けてもらった。本当に感謝している、だから絶対にその期待を裏切れない」

藤原が〝助けてもらった〟代表例にあげたのが、一九七三年一〇月に始まった石油ショックだった。運の悪いときには悪いことが続くもので、翌七四年の一月には、米環境保護庁がマツダ技術の独創性の象徴と自他ともに認めていたロータリーエンジンをやり玉にあげる。曰く、通常のエンジンと比較し、五〇パーセント余計に燃料を消費する。石油ショックにこの指摘の影響も重なって、極度の売れ行き不振に陥り、マツダが抱える内外の在庫台数は二〇万台にまで急増。当時の三カ月分の生産台数にほぼ匹敵した数字だった。資金繰りが苦しくなるのも当然だった。

このような窮地に陥ったマツダを助けようと動いたのが、住友銀行（現・三井住友銀行）と地元・広島の産業界だった。

自動車製造は裾野の広い産業だ。自動車メーカーをいわば頂点に関連企業が幾層にも積み上がる形でその事業活動を支えている。したがって、そうした自動車メーカーの浮沈がそのままさまざまな産業にしかも広範囲に影響を与えてしまう。マツダのメインバンクである住友銀行で当時頭取を務めていた磯田一郎の方針はきわめて明確だった。

「東洋工業（マツダの旧社名）はつぶさない。なぜなら、そうなれば地元経済が壊滅するからだ」

経営改革にさまざまな手を打ち、マツダの経営体制を変革しながら一九七九年にはフォードからの二五パーセントの資本参加をお膳立てし、経営再建への道筋をつけたのだった。

一方で、地元・広島の産業界も動いていた。広島商工会議所が旗振り役となり、幅広い産業を支援するという趣旨で郷土産業振興会を設立、その活動の一環として郷心会という組織をつくりこれが主体となって「バイ・マツダ運動」を始めたのだ。一九七五年のことだ。それは単にマツダ車の購買を促すのではなく、マツダ車一台が販売されると、地域には販売価格の二・六倍の経済効果がある、つまり地域貢献につながるのだとして広く運動を展開したという。このときのマツダは〝経営合理化〟のための人員削減策には手をつけず、代わりに多数の社員を全国の販売店に派遣して販売応援にあたらせている。この販売店への派遣策に、マツダの労働組合も協力的に動いたという。

このバイ・マツダ運動が本格化した一九七五年、チーム名にこのマツダの旧社名〝東洋〟を持つ広島東洋カープが一九四九年創立以来の悲願だったリーグ初優勝を果たしたことには、なにか因縁めいたものを感じる。しかも、この年のカープは、日本のプロ野球チームとして初めて、外国人であるジョー・ルーツを監督として招聘している。後の一九九六年、マツダが〝日の丸企業〟として初めて外国人経営者（フォードのヘンリー・ウォレス）をトップに据えたこととどこか一脈通じるものがあるのかもしれない。

蛇足ながら、カープのチームカラーを現在の赤に変えたのもこのルーツであり、カープを象徴するその赤ヘルは、スカイアクティブ車誕生を機に、マツダ車独特のボディーカラー「ソウルレッド」に塗られている。

話を戻そう。

このバイ・マツダ運動のころを振り返って藤原は言う。

「地元に、住友銀行に、そして通産省に助けられた。それは広島経済のために生き残れというメッセージだったのだと思う」

このバイ・マツダ運動は、それから三四年後に、当時とは違ったかたちで現れ、再びマツダを〝助ける〟こととなる。つまりそれは二〇〇九年、例のリーマンショックが招いたマツダの業績急落のときのことだ。

今度は広島県が動いた。年初二〇〇八年度の予算として計上していた公用車の購入費用二七〇〇万円を、補正予算を組んでその約一〇倍、約二億六〇〇〇万円に増額したのだ。その目的は、マツダ車、具体的には本社工場で生産するデミオを購入することにあった。当時広島県庁が保有していた公用車約七六〇台のうちの約四分の一にあたる二〇〇台を、二〇〇八年度中つまり二〇〇九年三月までにデミオと入れ替えたのだ。この広島県の動きがきっかけとなり、県下の市や町でもマツダ車購入の予算が計上されることになる。

広島市は公用車一二〇台、呉市は二〇台など購入台数の合計は一九三台にのぼった。マツダの全生産台数からすれば、合計三九三台という数字は微々たるものかもしれない。しかし、マツダにとっては貴重な物心両面の援軍になったはずだ。当時のマツダには二〇〇一年に実施した人員削減策を繰り返すというアイデアは全くなかった、と水を向けたとき、ある広島県庁の幹部は、二〇〇一年当時の状況を振り返りながら「確かにリーマンショックのときにはマツダに関してそんなことばは全く聞かなかった。マツダがそこまで考えていたとは、われわれも思い至らなかった……」としみじみと答えている。

このマツダ車購入の動きは、かつてのバイ・マツダ運動の単なる繰り返しには終わらなかった。広島地域全体の産業・経済の活性化をめざし、広島県産品の購入を呼びかける運動へと発展していく。名付けて〝ＢＵＹひろしまキャンペーン〟。この運動は、広島全域で現在も続いている。

広島の地方自治体が、一個の企業に過ぎないマツダにこれほどまで〝肩入れ〟したにもかかわらず、それに対して当時、きわだった異論が存在しなかったのには、広島特有の事情が関係しているに違いない。

一九四五年八月六日、アメリカ軍が広島市に原子爆弾を投下する。

マツダの工場は現在と同じ向洋にあった。そこは爆心地から東南東に約五キロと近かったものの、爆心地と工場の間にある標高約七〇メートルの比治山が壁となって、広島市内のあらゆるものを一瞬のうちに破壊した強烈な爆風からマツダを守ってくれたのだ。そのおかげで、マツダの工場建屋の損害は軽微、機械設備もほとんど無傷で残る。とはいえ、原爆炸裂の直後からマツダの操業はもちろん全面停止。広島市内の病院も壊滅していたため、マツダの附属病院が爆心地に一番近い病院となる。同時に、マツダの社屋も、負傷者はもちろん行き場をなくした人たちの生活支援を含め被害者救済の前線基地として全面的に開放された。

しかも広島市は全域〝原爆砂漠〟となり、相当規模の大きさの建物はすべて崩壊してしまったために、広島県庁の機能がそっくりそのままマツダの工場に移転してきた。これに続いてマツダは、裁判所や放送局、新聞社などの移転までも受け入れている。つまり、マツダの工場が戦後のある期間、行政までをも含んだ広島の中核的な存在になったのだ。それ以来、広島の人たちのマツダを見る目は、単なる自動車会社を見つめる視線とは質的に違ったものになったとしてもなんら不思議はない。お互いがお互いの存在を必要としている、マツダと広島という地域の間には、単に経済合理性の観点から説明がつくようなつながりだけにはとどまらない何かがあるのではないか。

小飼は言う。

「地域に貢献するという視点からして、雇用確保はしごく当然のこと。マツダとしてそれ以外に何ができるか、これをいつも考えている」

そして、大切なのは心のつながりだと言う。したがって、今では広島全県に広がる組織となったあの郷心会の懇親会にも出席するなど、ことあるごとに、広島という地域に対する感謝の気持ちを伝えることに腐心しているようだ。

広島あってのマツダ

「絶対に迷惑をかけてはいけない。私にチャンスを与えてくれた人に対する感謝の気持ちを、かたときも忘れたことはない」

これは、一九六〇年代にロータリーエンジン開発の中心的役割を果たしたエンジニア四七人（ロータリー四七士と呼ばれている）のうちのひとり、高田和夫が二〇一〇年、八六歳のとき当時を振り返って口にしたことばだ。立場は違うものの、人員削減との絡みで出てきた発言という点で、小飼や藤原の語った感謝の念と共通している。

一九二〇年の創業以来最も困難な時期となっていた終戦直後、マツダはやむなく人員整理を実施、従業員の数を九六六九人から七八六人にまで削減する。つまり、会社に残れたのは一〇人にやっと一人という厳しい状況だった。戦時中の工作機械や兵器（小銃）の生産が不可能になったため、操業再開後は、民需製品の生産への転換を試みる。そこで戦前から開発を手がけていた三輪トラックに照準を絞り、再起を期したのだった。高田にマツダから入社の誘いがかかった一九四六年八月は、まさにこの時期だ。マツダに削減率九二パーセントという大幅な人員削減があったことを広島にほど近い江田島の海軍兵学校出身の高田が知らなかったはずはない。だからこそ、兄が勤務していたマツダに入社できたことに感謝し、その後マツダの製品開発に汗を流したのだった。

原爆が投下された敗戦後の広島の地で、事業再建のための異常な事態とはいえ九〇パーセントにも及ぶ人員削減、一九七四年の石油ショックをきっかけに取り組んだ経営体制の改革、二〇〇〇年前後七年間のフォード傘下で、人員削減を含む痛みを伴った経営立て直し、二〇〇八年のリーマンショックによる不況からの脱出などなど、数々の困難な状況を乗り越えてきただけに、マツダにはそれだけの〝耐力〟がついていたということなのだろうか。

二〇一一年三月の大震災当時にやむなく操業を停止していた国内の工場は、半年たてば正常な操業状態に回復するだろうという公式の見通しをよい意味で裏切り、二カ月後の五月にはすでに生産台数の実績が前年比九〇パーセントにまで回復、六月にはほぼ通常の生産体制になっていた。したがって二〇一五年度の見通しとしていた数字、具体的には世界の販売台数一七〇万台、営業利益一七〇〇億円、つまり一台あたり一〇万円の利益を稼ぎ出すという数字を変更する意志のないことを明確にした。二〇〇五年以来追いかけてきた〝ロマン〟のゴールはすでに目と鼻の先にある。つまり世界一のクルマをめざしたスカイアクティブ技術をすべて盛り込んだ第一号車CX‐5を発売する二〇一二年初頭は、もう目前に迫っている。なんとしても粘って粘りきってゴールにたどりつかなければならない。マツダにとってまさにこの時期は、あの常務執行役員人見光夫のことばを拝借すれば、第四コーナーを曲がり切り、直線のラストスパートに臨もうとする正念場だった。

山内は六月一七日、震災から三カ月が過ぎたところで、業績見通しの説明会を開催する。その席上、原則的にマツダの中期経営計画は変更せず、既定路線を進むという意志を明確に示したのだ。いくら経営状態が苦しくても、大変な痛みを伴う人員削減など全く頭になかったのは言うまでもない。大震災があろうとなかろうと、予定通り、二〇一二年以降の市場において、スカイアクティブ技術を核としたマツダ車の一新をめざす方針には全く揺るぎがなかった。

藤原は、技術開発の責任者としてマツダの独自技術スカイアクティブ対する経営陣の期待の大きさを感じながら、同時に、こうした苦しい時期だからこそ、これまで助けの手を差し伸べてくれた地域から寄せられるマツダへの期待の大きさにも、あらためて応えなければと考えていた。これからのマツダは、同社を支えてくれている地域とどのような関係を築きながら生きるべきか。実は藤原は、大震災のおよそ五カ月前に、この課題に対するヒントをつかんでいた。

それは二〇一〇年六月のことだった。藤原はイタリアのアルファロメオが開催した創立一〇〇周年記念イベントに衝撃を受ける。六月二四日から四日間開催されたこの壮大な行事の白眉は、二六日からの二日間、ユーザーがその所有車を持ち寄って行なうラリー形式のパレード走行だった。創業の地ミラノ市の中心部から北西十数キロにある見本市会場に、世界中から集結したアルファロメオの数はなんと三〇〇〇台にも及んだ。新旧とりまぜたおびただしい数のアルファロメオの目的地は、ミラノ市内の名所スフォルツェスコ城。見本市会場からミラノ市までの公道をアルファロメオが文字通り埋めつくしたのだ。

藤原はこの光景を見て気がついた。これほどのファンやクルマが集結できるという環境は、アルファロメオがひとりよがりにならず、その創業の地、ミラノの人たちも一緒になって同社の一〇〇周年を祝ったからだ。マツダも創業は一九二〇年なのだから、二〇二〇年に一〇〇周年を迎える。そのとき、マツダがマツダの一〇〇周年を祝うのではない、周囲の人たちから祝ってもらう、のでなければ大した意味はない。むしろ、創業一〇〇周年を機に、藤原のことばを借りれば、〝負担をかけてきた〟広島の地域に恩返しをしたいものだ。とくにそれまで数々の難しい局面で助けてもらったことに対して、感謝の気持ちを表したい。

この発想が、二〇〇一年の東京モーターショーを機に生み出したブランドメッセージZoom-Zoomから新たに始まったマツダのブランド戦略に新たな発想を吹き込むヒントになった。

Zoom-Zoomの原点と進化

藤原が、企画やマーケティングではなく、開発の立場にいたにもかかわらず、ことさらこのアルファロメオのイベントに注目したのにはわけがある。Zoom-Zoomのメッセージが生まれてから一〇年近くがたっているにもかかわらず、その理念が市場はともかくとして、社内になかなか浸透しない現実を見て、自分が主導していた例のCFT6のメンバーにマツダのブランドについて問題提起をしていたからだ。

二〇〇一年秋にマツダは初めてZoom-Zoom宣言をした。二〇〇七年春には中期計画アドバンスメントプランとともにそれを発展させて、サステイナブルZoom-Zoom宣言となった。それでも社内には〝Zoom-Zoomとは言うけれど〟よく理解できていないという空気を、思うように払拭できないでいた。のびのびエンジンの開発の現場にいるエンジニアも、全員が高い意識を持ちZoom-Zoomに対する理解のもと同じ方向を向いているとは言い難い。そもそもリッター三〇キロの燃費性能など実現できるのかという疑念を口にする人も依然として存在している。自分たちが考えるブランドの定義や理念、そしてそのブランドの理念から導き出されるマツダのあるべき姿を、開発の現場にいるわれわれが一致させなければ、たとえどんなに一生懸命世界一のクルマをつくろうとしても、市場の関心を呼び起こすことも説得することもできない。いや、それ以前に、開発設計の理念がまとまらないではないか。まとまらないままで、のびのびエンジンは開発できない。世界一のクルマづくりなどできはしない。

この問題提起に呼応したのはCFTメンバーのうちの一七人だった。のびのびエンジンの開発はいよいよこれからが本番、という矢先のリーマンショック。景気の低迷を目の当たりにすれば、いくら技術開発が仕事、会社を取り巻く環境や景気は自分の仕事に直接関係ないとは思っても、心穏やかではない何かを感じてしまう。マツダの看板車種と自他ともに認めるあのロードスターの開発にすら、リーマンショックの影が落ちる。二〇〇九年四月三日、新型車の主査・山本修弘《のぶひろ》に開発計画の延期が告げられたのだ。開発の手を止めろということだ。山本は当時のことを振り返ってこんな風に言っている。

「今にして思えば、貴重な試練だった。本来のロードスターとはどうあるべきかを基本から考え直した。あれがなければ、徹底した小型軽量化はできなかっただろう」

結果的にこの指示は一週間で撤回されたものの、それは、マツダ経営陣が抱いている危機感の表れに他ならなかった。この危機感が開発陣に伝わらないわけはない。そこでCFTのメンバーは開発エンジニアの立場から、マツダのブランドとはというテーマで議論を始める。これは業務と直接関係がないため、ボランティア活動となる。会社の業務から解放される休日に集まった。頻度は月に二回、時間は一回八時間つまり朝から夕方まで一日中ということだ。この議論は、結局、二〇一一年の春まで約二年間続くことになる。

このメンバーの中に、プログラム開発推進本部の主査、梅下隆一（現・カスタマーサービス本部長）がいた。一九八八年マツダに入社したエンジニアだ。二〇〇一年の早期退職優遇特別プランで一時は退職を決意したというまさに藤原と同じような経験の持ち主である。ただし、梅下の場合は藤原のように上司に慰留されたのではなく、翻意したのはZoom-Zoomのイメージビデオを見たからだった。「見ていなければ、辞めていただろう」と当時のことを振り返っている。それだけに、イメージビデオの持つ効用を人一倍実感していた。

梅下の見たZoom-Zoomのビデオに関しては少々説明が必要だ。マツダがZoom-ZoomをマツダのキャッチフレーズにすることをZoom-Zoomを正式に発表したのは二〇〇一年秋の東京モーターショーであることはすでに紹介した。ところが、早期退職優遇特別プランの実施は二〇〇一年二月。モーターショーの八カ月以上も前に梅下がこのビデオを見たのはなぜか。実は、このビデオは前年、つまり二〇〇〇年の一〇月にすでにアメリカでできあがっていたのだ。現地法人のMNAO（マツダ・ノースアメリカン・オペレーションズ）がモデルチェンジする四輪駆動車トリビュートのキャッチフレーズをZoom-Zoomとし、そのイメージビデオを使って広告展開した。するとこれが大当たりし、トリビュートの認知度がわずか三カ月の間に三・三パーセントから五・六パーセントに急上昇した。そこでMNAOが広島のマーケティング部隊にマツダ全体のキャッチフレーズにすることを提案したのだった。

Zoom-Zoomとは日本語で言えばビューン、ブーン。子どもがクルマに乗ったときの楽しさを伝えようとする表現だ。これを受けて、マツダはキャッチフレーズの基本コンセプトを次のように定義した。

創造性と革新性で、子どものときに感じた動くことへの感動を愛し持ち続ける人々に、「心がときめくドライビング体験」を提供する。

以来、これがマツダのクルマづくりに対する考え方の原点になっており、現在、マツダの社内では〝Zoom-Zoomなクルマ〟という表現も日常的に使われているようになっている。

梅下は、クルマに乗ってニコニコしている子どもの笑顔を映し出したこのZoom-Zoomのビデオを見て、マツダのクルマづくりの理念に改めて共感したのだった。

この梅下の実感が主な理由になったのかどうかはともかく、この一七人は、創業一〇〇周年に向けた新たなブランドイメージビデオを制作することに決めていた。将来に向かってマツダのブランドを定義し直し、ひとつのゴールとして、マツダがつくりたいのはこんなクルマ、という共通の意識を社内のすみずみに浸透させるためにそれはぜひとも必要なことだ、と考えていたからだ。

彼らは自分の部署の人たちにマツダの「ありたい姿」についてアンケート調査し、そこから重要と思われることばを選び出した。ありたい姿を追求するための議論と並行して、優れたクルマをつくる目的は何かという基本的なテーマにも踏み込む。それはマツダ・ブランドを活かすためであり、顧客の生活に貢献するためという風に議論は進んでいった。この過程で彼らは、二〇〇〇年当時、マツダ・ブランドに関して触れられなかった視点に気がつく。それはマツダが自動車というカテゴリーの製品の開発・製造に乗り出した原点に目を向けることだった。つまり、一九三一年に早くも三輪トラックDA型を、それから一〇年後の同四一年にはGA型を製作していた技術力を活かして、三輪トラックに事業の再起をかけ、同時に戦後の広島復興に貢献するという意欲に燃えていた時代のマツダの姿だった。

ここで彼らは、二〇〇〇年以降に同社が取り組んできたブランドの理念に対する考え方を大きく転換させる。それまではマツダのブランドの象徴はロータリーという印象が定着していた。マツダの独自技術を端的に示していると理解されていたからだ。しかし、梅下はブランドの理念という見地から視野を大きく広げ、自分たちの存在に関わっているユーザーや地域とのつながりをも、理念の中に取り込もうとした。つまり、両者の支えがあって初めてマツダの存在があるという認識を従来にも増してブランド構築の基本的な要素としてとり入れようとしたのだ。ユーザーとのつながりのあるべき姿、あるいは地域とのつながりのあるべき姿を重視し、検討することによって、新しいブランド理念を構築する。

さらにこのブランドの理念を社内のひとりひとりにまで浸透させるために何をすればよいかというテーマも真剣に検討し、その結論を実際の活動に落とし込んだ。これが成功して初めて、マツダが開発するのびのびエンジン、のびのびパワートレインなどの次世代技術にもマツダ・ブランドの本当の理念が吹き込まれ、それが世界一のクルマづくりにつながっていくのだ。

「内燃機関こそ、われわれの〝飯のタネ〟」

すでに紹介したように、二〇〇七年春から始まった例の〝ランチミーティング〟が牽引役となり、開発と生産・製造との間の溝がしだいに解消されていく。リーマンショックによって生まれた危機感が一層〝モノづくり革新〟の作業を加速させた。そしてリーマンシヨックの荒波の中でも、金井が語った「内燃機関こそ、われわれマツダの〝飯のタネ〟」という方針を彼らは堅持し続けた。もう後戻りをするつもりは全くなかった。というよりも、意志統一をして次々に噴出してくる難題にも一致協力し集中したおかげで、次世代技術の代表格であるのびのびエンジンは、当初の予想よりも順調に開発が進んでいたのだ。

マツダはガソリンエンジンのほかに、ディーゼルエンジンも開発・生産している。二〇〇六年、〝金井のロマン宣言〟をきっかけに始まった当初ののびのびエンジン開発の重点はガソリンエンジンのほうに置かれていた。もう一方のディーゼルエンジンの開発は、ガソリンエンジンより一年遅れても許される、という認識だった。ガソリンエンジンの燃焼を基本から探求する作業が容易なものではなく、開発に必要な時間の読みがはずれる可能性もある。それよりなにより、ガソリンエンジンの開発だけでも難題山積、エンジニアはその解決に必死、自分の守備範囲を越えたところにまで関心を持つような余裕は皆無だ。したがって、これは当然のなりゆきだった。第一、二兎を追う者は一兎をも得ずの諺もあるではないか。

また、フォードが経営を主導していたころの七年間ほどは、フォード自体がディーゼルエンジンの開発そのものに関心がなく、おかげであまり〝陽の当たらない〟ディーゼルエンジンの部隊は、常に肩身の狭い思いを強いられながら、やっとのことで生き延びていたというほどの存在だったのだ。だから、計画開始時点からガソリンエンジンと同時並行で開発するという発想にならなくてもやむを得ないだろう。したがって当然、新世代技術の第一号モデルに積むエンジンは当初ガソリンのみ、発売後一年たったところでディーゼルを追加する計画になっていた。

ところが、ガソリンののびのびエンジンの開発が順調に進む。その開発に一定のメドがつき始めたのが、二〇〇九年の春ごろのことだった。そこで、マツダ車に独自性独創性を与えマツダ・ブランドを以前にも増してきわだたせるためにも、こののびのびエンジンのディーゼル版開発には重要な意味があると判断、ディーゼルエンジンの開発計画を前倒しすることにした。つまり、二〇一二年に発売する新世代技術の第一号モデルCX‐5には、ガソリンエンジンと同時にディーゼルエンジンも積むことにしたのだ。結果的にこの判断は大成功をおさめる。というのも、計画を一年前倒しして開発したこの新世代のディーゼルエンジンが、マツダ・ブランドに対する評価を一気に高め、山内がCX‐5の発表会で口にした〝市場を創造する〟役割を果たしてくれることになったからだ。これにまつわるエピソードについては本章の後半で改めて詳しく触れる。

本部長藤原、副本部長人見の陣頭指揮のもと、順調にガソリンエンジンの開発作業を進めていたパワートレイン開発本部は、本部全体の開発の質や効率などを総合的に向上させる狙いから、機構改革にも積極的に取り組んでいた。とくに二〇〇八年春以降は、従来、同じ本部内であっても縦割り組織になっていた開発部門の統合・一体化作業を加速させた。

それまでパワートレイン開発本部には、人見の主導する技術開発部の他に、エンジン設計部、エンジン実研部、パワートレイン制御システム部そしてドライブトレイン開発部が並立的に存在していた。技術開発部の役割は将来を見据えた先行的な技術開発、残りの四部はすべて製品化量産化を予定している直近のクルマに関わる開発を分担していた。ところが将来技術を担う技術開発部にも、ガソリンエンジングループ、ディーゼルエンジングループ、ドライブトレイングループ、制御グループと量産技術を担っている各部と同じようなカテゴリー分けのグループが存在していた。要するにある意味では開発作業を重複して別々の部署で行なっていたことになる。この縦割りを解消して開発の効率を上げるための組織改革に取り組んでいった。

具体的には、技術開発部のもとに残りの四部のエンジニアを統合、先行技術開発と製品化量産技術開発とを技術開発部の中に取り込むかたちで融合した。そのうえで、技術開発部の本来の仕事である先行技術開発のグループを新設した。したがって、技術開発部が所属する四つのグループとさらに先行技術開発グループを加え、これが発展的にパワートレイン開発本部となったことになる。この大幅な組織変更によって、エンジン開発、変速機開発などのドライブトレイン開発、そして各メカニズムの制御技術開発といった作業が領域ごとにまとめられ、開発効率の向上につながっていく。

この組織替えを紙の上だけに終わらせず、実効性を持たせるために、各領域で、エンジニア同士の風通しをよくするための実務的な工夫もさまざまに凝らされた。たとえば、実研部にはこんな改革が行なわれた。実研部の役割は、開発された新技術が設計図面に落とし込まれてできあがった試作品あるいは試作車を実際に動作させて評価する組織だ。この組織には三つの領域がある。

具体的には、もとの設計図面の狙い通りに試作車ができあがっているかを、性能、騒音振動、そして信頼性という三つの領域から担当のエンジニアが個別に評価し、その問題や課題を洗い出すのだ。それぞれの領域のエンジニアが別の領域のエンジニアに、それを伝える。この作業を三者間で行なう。この〝三者間協議〟によって得られた実研部としての結論を、設計図面担当の開発エンジニアに報告していた。これではいかにも効率が悪い。うっかりすると、情報のたらい回しに終わってしまう。試作車の性能を追い込んでいくという本来の開発の趣旨からすれば、重要なのは開発課題の解決策を導くための三元連立方程式を解くことだ。組織変更によって、こうした三元連立方程式に答えを出すような開発の環境が整い、本部内のエンジニアが持っている知識や知恵の流動性が高まり、開発効率が向上していった。

こうして、かつて〝第四コーナーを回っていた〟人見が、全体のリーダーとしてパワートレイン開発本部を名実ともに掌握していく。そして、世界一のクルマづくりという共通の目標をめざして、縦割りの役割分担ではなく、タスクチームによる有機的な開発体制を重視するようになっていった。

このタスクチームによる開発体制ができあがったことと、ディーゼルエンジン開発計画の前倒しという決断とが、この二〇〇八年に完全に噛み合ったのだった。

ディーゼルエンジンとガソリンエンジンでは、同じ内燃機関ではあっても、その開発の手法や発想が異なる。当時パワートレイン開発本部技術開発部の部長を務めていた工藤秀俊（現・広報本部長）の表現を借りれば、開発に携わるエンジニアの〝芸風が違う〟のだ。その原因は、エンジンの仕組み、とくにその燃焼にある。

ガソリンエンジンは、シリンダー内に取り込んだガソリンと空気の混合気をピストンで圧縮、点火プラグの火花によって点火・爆発させて運動エネルギーを取り出す。一方、ディーゼルエンジンの場合には、使用する燃料はガソリンではなく軽油になる。ディーゼルエンジンでは、シリンダー内に送り込まれた空気がピストンの圧縮によって温度が高くなったところに、燃料の軽油を噴射して爆発・燃焼させる。このときガソリンエンジンで使われる点火プラグは必要としない。火花を飛ばさなくても、軽油の微粒子自体が着火して、つまり自己着火して爆発、この爆発のエネルギーを運動エネルギーとして取り出すのだ。

したがって、エンジンの外形を見てガソリンとディーゼルの違いを判断するには、点火プラグの有無を確かめるのが近道だ。実は、軽油はガソリンよりも着火する温度=着火点が低い。具体的には、軽油の着火点は二二五度、ガソリンは三〇〇度と言われている。つまり軽油はガソリンよりも点火に必要な温度が低いのだ。空気は他の気体と同様、圧縮されると気体そのものの温度が上昇する。空気をピストンで圧縮しその温度が二二五度以上になった適当なタイミングで軽油を噴射すると、第四章でも紹介したような、自己着火という現象を起こして爆発が起こるというわけだ。

この仕組みの違い、すなわち燃焼のさせ方の違いとそれに伴うエンジンの構造の違いが、開発エンジニアの芸風の違いを生み出しているのだ。

開発エンジニアの間に芸風の違いがあるということは、設計の発想の違いもあれば、知恵の偏在もある。そこで、ディーゼルエンジンの開発前倒しの決断に伴って、ガソリン、ディーゼル双方の開発エンジニアを融合させることになった。金井流に表現すれば、理想のエンジン、理想の燃焼、理想の機能を追求するにはガソリンもディーゼルもない。これ以降ディーゼルエンジンの開発に拍車がかかり、最終的には両方のエンジンがCX-5に積めることになったのだから、このときの決断には、結果的にマツダにとって重要な意味があったことになる。

〝嫌われもの〟ディーゼルエンジンの開発

ディーゼルエンジンは嫌われものだ。

ガラガラという音を出し、振動も大きい。そのうえ、黒煙のような排気ガスをまきちらす。一九九九年一一月三〇日に行なわれた石原慎太郎東京都知事の定例記者会見の席上、知事は五〇〇CCのペットボトルを右手で持ち上げ「都内で一日にこのペットボトルが一二万本出ている」と語る。その中身は、ディーゼル車が排出する黒い粒状性物質だった。この会見によって、嫌われものの排除と同時に、社会的なディーゼル排気ガス改善の動きの両方にはずみがつき、社会的な関心も一気に高まった。ディーゼル車にとってそれはある意味で画期的な出来事だった。

とくに日本国内ではそれまで、こうした〝嫌われもの〟の印象のおかげで、ディーゼルエンジンを搭載した乗用車の市場はほぼ皆無と言ってもよい状態だった。しかしこの一方、欧州では販売される乗用車のうち、ディーゼル乗用車の割合は当時すでに五〇パーセントを越えていた。その主な理由のひとつが、ガソリンエンジンに比べ、CO_2の排出量がはるかに少ないからであることは明らかだった。

したがって、地球規模での環境保全を考えたとき、乗用車用のディーゼルエンジンの性能向上は、環境保護のための有効な手段となる。しかもマツダは欧州で年間二〇万台程度を販売する能力を持っているので、ビジネスの観点からも優秀なディーゼル車があればそれがマツダの強みになるはずだ。

加えて、ディーゼルエンジンを積んだ乗用車にはガソリン車にはない魅力的な運転感覚がある。同等の排気量で比較した場合、低速域での立ち上がりの力強さは、ガソリン車ではなかなか味わえない。したがって走る喜びのZoom-Zoomを掲げるマツダにとって、この魅力は捨てがたい。さらにこのディーゼルエンジンが、嫌われものの原因となっている環境汚染を招く排気ガスを十分に清浄化できる環境性能を手に入れてくれれば、環境と走る喜びの両立をめざしているサステイナブルZoom-Zoom宣言通りのエンジンそしてクルマが完成することになるはずだ。

ディーゼルエンジンが嫌われものになってきた最大の原因は、その排気ガス中のNOx つまり窒素酸化物と、PMつまりあの石原都知事が見せた粒子状物質にある。自動車の排出ガス規制については世界中で年を追うごとに基準値が厳しさを増し、日本の場合も、ちょうど、いわゆるポスト新長期規制の施行日が半年先の二〇〇九年一〇月と、目前に迫っていた。国土交通省が世界最高水準の厳しい規制と称するほどで、一キロ当たりNOxは〇・〇八グラム、PMは〇・〇〇五グラム、基本的にガソリン車と同じレベルにまで下げるという考え方だった。それまでのディーゼルエンジンには、世界各国の排出ガスの基準を満たすため、排出ガスを浄化するいわゆる後処理装置が追加されていた。NOxを取り除くための尿素SCR（選択的触媒還元）システム、PMを浄化するためのDPF（ディーゼル微粒子捕集フィルター）などがその代表例だ。欧州から輸入されてくるディーゼル乗用車にも、もちろん付けられていた。

マツダが取り組む新しいディーゼルエンジンも、なんらかの後処理装置とセットで開発するのが素直な考え方だ。開発エンジニアは当初そうしようと思っていた。二〇一二年初頭の発売をめざすなら、与えられた実質的な開発期間はわずか一年半ほどに過ぎない。たった一年半という期間だけでも開発は厳しいのだ。

しかし、ディーゼルエンジンの開発前倒しを決断したとき、藤原はこう宣言する。

「NO_xの後処理装置は付けない。絶対に。もし付けたりしたら、マツダがこのディーゼルエンジンを開発する意味は完全になくなってしまう」

マツダがめざすのは世界一のエンジンだ。他社の乗用車には例外なくNO_xの後処理装置が付いている。それまで生産していたマツダのディーゼル乗用車にも付けていた。他社のディーゼルエンジンと横並びで、後処理装置を付けることが開発の前提として許されてよいものか。安易な道を選んでどうする。後処理装置を付ければ、クルマの重量が増えて走行性能に悪影響が出るのは明らかだ。従来のマツダの後処理装置をそのまま応用すれば、その重量は三〇キロ以上になってしまう。しかも当然、コストが高く、したがって車両価格はその分上がってしまう。また、場合によっては、その性能維持のため所有者に費用負担がかかる。

われわれは、できるだけ多くの顧客に可能な限り財布にやさしい価格のクルマを届けたい。車両価格が高くても気にしない、というユーザー層がわれわれの視野の中心にあるのではない。マツダが持てる最先端の技術をできるだけ多くのユーザーに届ける、というのがわれわれの望みであり使命なのではないか。そこにこそ、年間の生産台数わずかに一二〇万台前後の、自動車会社としては小さな規模の企業の生きる道がある。だから、NO_x

の後処理装置はなくせ。できるはずだ。粒子状物質を取り除くＤＰＦ（ディーゼル・パティキュレート・フィルター）についても、たとえなくせなくても、燃焼を究めることによって粒状性物質の発生を従来以上に抑制できれば、従来よりもコストのかからない装置になるはずだ。この藤原の宣言は、開発の過程での妥協や言い訳は一切許さない、という強い姿勢の表れでもあった。

Zoom-Zoomな走行性能を向上させながら同時に後処理装置の必要がないディーゼルエンジン、これができれば世界一のエンジンだ。二〇〇九年春、開発エンジニアの目標は一点に定まった。

ディーゼル開発の要諦は低圧縮化にあり

ディーゼルエンジンの長所は、なんといっても、ガソリンエンジンよりも圧縮比が高いため熱効率に優れ、したがって燃料消費性能がよいことにある。一般的なガソリンエンジンの圧縮比が一〇から一一なのに対して、ディーゼルエンジンは一六から一八前後となっている。ガソリンでは達成できないでいる高い圧縮比だ。したがって、従来からディーゼルエンジンは燃費のよさが売りになっている。

燃焼の仕組みそのものも基本的にガソリンよりも簡単だ。点火プラグがいらない。シリンダー内の空気を強く圧縮したところに噴射した軽油に自己着火させる。圧縮比が高い分、クルマを駆動する力も強くなる。

ただし、ディーゼルエンジンの弱点、つまり嫌われものになる原因は、その排気ガスにあった。対策をおろそかにすれば、排気ガスに含まれるNO$_x$やPMの量が増加し、環境に負荷をかける。

NO$_x$やPMが発生するおおよその理由はこうだ。

軽油が持っている化学エネルギーからできるだけ大きな運動エネルギーを取り出すという発想から、従来のディーゼルエンジンは圧縮比を上げるための技術開発をしてきた。高圧縮にできればそれだけ大きな運動エネルギーを取り出せる。本来の機能・性能を発揮させるためには、高圧縮化は確かに論理的な方法ではある。しかし実はこれがNO$_x$やPMをつくる原因になっている。

圧縮された空気に適当なタイミングで軽油を噴射すると軽油の分子がその空気中に拡散する。軽油の分子は、すでに高温になっている空気と混じり合って温度が上がり着火点に到達、そこで自己着火をする。問題は、このときの軽油と空気の混じり具合にある。軽油はガソリンよりも空気との混合でその濃度にムラが生じやすいのだ。ムラになると、軽油の分子と酸素分子とがシリンダー内に偏在することになり、自己着火した直後、軽油の分子が濃い部分で、燃焼に必要としている酸素が不足するという状態が起こる。この酸素不足で不完全燃焼をした分子がＰＭとなる。また圧縮比を上げてシリンダー内が高温になればなるほど、軽油の特性上ＮＯ$_x$の発生は避けられない。さらに、高圧縮化すればするほど、噴射した軽油の燃焼速度が速くなり、その分、混合気のムラが大きくなり、濃いところではＰＭ、温度の高いところではＮＯ$_x$が発生しやすくなる。

したがって、ＮＯ$_x$、ＰＭの発生量を減らすためには、空気と軽油の混じり方にムラが出ないよう混合気の均一度を上げて酸素が十分に行き渡るような手を打ち（ＰＭ発生対策）、さらに燃焼時間を長くしてゆっくり燃える（ＮＯ$_x$発生対策）ようにしてやればよいことになる。

これに有効な手段は何か。開発陣の考えた手は、圧縮比を下げることだった。圧縮比を下げてやれば、空気と軽油が混じり合う時間が長くなり均一度が上がる。圧縮比を下げてやればまた、燃料である軽油の分子がシリンダー内で十分に拡散することによって燃焼の時間も遅くできる。実はこの考え方は以前から世の中に存在しており、具体的に従来の圧縮比一八、一七、一六の付近から、それ以下に下げる試みは世のエンジニアの間では行なわれていた。ところが、圧縮比を一六以下にすると、排出ガスの清浄度はともかく、最も重視しなければならない動力性能それ自体が低下し、製品としてはなかなか通用するレベルにはならない。つまり、低圧縮化による排気ガス浄化性能向上と高性能化は二律背反の関係にあったのだ。これが足かせとなって乗用車用のディーゼルエンジンを生産しているメーカーは、一八前後の圧縮比をそのまま維持することで性能のほうを重視、これによってNO_xやPMが増加する問題は、コストが嵩みそして重量も増加させることになっても、後処理装置を追加して解決するのが一般的な手法としてほぼ定着していた。

マツダのエンジニアは、なんとしてもNO_xの後処理装置を排除しなければならない。つまり、排気ガス浄化性能を向上させる突破口を見いださなければならない。どうするか。

極端に振れ。とにかく振り子のように極端に振ってみろ。ここでこの人見流の発想が生きることになる。ガソリンエンジンの高圧縮化をめざしたときとは逆に、圧縮比を、一六から順次一〇にまでと、常識はずれのところにまで下げて、その現象を検証した。

圧縮比をどこまで下げてやれば、空気と軽油がムラなく混じり合う状態にでき、同時に、大きな出力の低下を招かないですむようにできるのか。ここで応用されたのがガソリンエンジンの高圧縮化を研究する過程で生まれた、混合気を均一化するノウハウと混合気の燃焼時間を延ばすアイデアだった。彼らがガソリンとディーゼルの経験や知見を総合し、なおかつCAE（Computer Aided Engineering）をはじめさまざまなデジタル技術を駆使してシミュレーションをして導き出したその値は、一四だった。念のため付け加えれば、彼らは高圧縮化を達成したガソリンエンジンと同じ圧縮比にしようと意図したわけではない。これは文字通り偶然の一致だった。ガソリンは圧縮比を一〇から〝上げて〟一四、ディーゼルは一八から〝下げて〟一四になった。

ピストンがシリンダーの内部で空気を圧縮しきった、つまり混合気のおさまっている容積が最小になったポイントを上死点と呼ぶ。反対に、ピストンが下がってシリンダーの内部の容積が一番大きくなったポイントは下死点と呼ばれている。

上死点付近で圧縮された空気に軽油を噴射したときの混合具合を、圧縮比一八の場合と一四の場合とで比較してみると、後者の均一度のほうがはるかに高くなり、燃焼効率向上とNO$_x$やPMの発生量削減の両面で、有利に働くことになる。空気と軽油の混じり具合を、やや乱暴なたとえで説明するのを許していただければ、満員電車にホームから人が乗り込もうとするとき、すでに詰め込まれている人（空気）の密度が高ければ高いほど、ホームから乗り込んだ人（軽油）は、奥に進めずドア付近に固まりやすい、そんな図式があてはまるだろう。本当は、ホームから乗り込んだ人は、車内の人たちみんなと仲よくしたい。つまり乗客全員が均等に混じり合った状態のほうが望ましいのだ。

一八のときは噴射された軽油が空気全体に行き渡らず噴射孔の周りだけが濃くなる。それ以外のところは薄くなる。この時点で軽油が自己着火すると、濃い部分では酸素不足で不完全燃焼を起こしてＰＭが発生、一部の空気が十分にあるところでは高温の燃焼になってＮＯxが発生する。これは熱効率の面からもまた排気ガス性能の面からも好ましくない現象だ。この現象が顕著になると燃焼効率は極端に低下する。この現象を嫌って、従来の圧縮比一八前後のディーゼルエンジンは、軽油の噴射時機を上死点ではなく上死点からごくわずかピストンが下がった位置に来るまで遅らせている。つまり性能向上を狙って上げた一八という圧縮比を一〇〇パーセント活かす噴射にするのか、それとも燃焼効率が上死点よりもよくなるポイントになるまで噴射時機を遅らせるのか、その妥協点を探って噴射の時機を決めているのだ。

これに対して、圧縮比を一四に下げ、上死点付近で軽油を噴射した場合には、軽油の分子が空気とよく混じり合って混合ムラが少なくなる。軽油は噴射されると自分の周りに酸素が十分に供給されている条件のもとで自己着火を起こすことになるので、ＰＭの発生が抑えられる。しかも、圧縮比が低く抑えられているおかげで一八の場合と比較して空気の温度も低く抑えられるため、低温である分、NOxの発生も少なくなるのだ。しかも、上死点では軽油を噴射できない圧縮比一八の場合と違って、上死点付近で噴射し、点火爆発させられる。実はこれが一四という低圧縮比でありながら、高圧縮の一八と比較しても十分な出力性能を発揮できる要因になっているのだ。

一八の場合、上死点を過ぎてから着火するため、燃焼し終わるまでの時間が短い。これは、理想の燃焼に近づくためには、できるだけ長い時間をかけて燃焼させるという発想からは遠いのだ。これに対して一四の場合には、右に紹介した現象が有利に働くため、上死点で軽油を噴射できる。上死点で噴射するか、上死点を通過した後に遅れて噴射するか、燃焼時間が長いのはどちらのほうかは言うまでもないだろう。ディーゼルエンジンの場合、燃料である軽油が酸素とうまく結合して燃えるようにするために、一度の燃焼時間の間に何回にも分けて軽油を噴射する。具体的には、マツダのディーゼルエンジンについて言えば、クルマの走行状況に応じてつまりエンジンにかかる負荷の変動に応じて、最大で九回噴射できる。噴射の回数をできるだけ多くするためにも、燃焼時間は長いほうがよい。つまり、圧縮比を一八よりも一四にするほうがこの点でも望ましいのだ。

圧縮比を下げても十分な出力性能を確保

従来、圧縮比を一八に設定している理由は出力性能を確保するためであることはすでに述べた通りだ。しかし、圧縮比を一四という低さに設定しても、十分な出力性能を確保できることを、マツダの開発陣は突き止めた。

圧縮比一八の場合、着火・燃焼が始まるのは上死点を過ぎてからになる、ということはそのときのシリンダー内の容積は、上死点のときのそれより大きくなってしまっている。エンジンの圧縮比とは下死点におけるシリンダーの容積（Aとしよう）を、上死点におけるシリンダー内の容積（Bとする）で割った数字だ。圧縮比一八というのは、A割るBイコール一八という意味だ。ピストンが混合気を圧縮しようとする行程にあるときにはこれが確かに当てはまる。

しかし、従来のディーゼルについては、着火・燃焼を始めるときのシリンダー内の容積はBよりも大きいのだから、その比は一八よりも小さくなる。実際に着火・燃焼を始めたときのシリンダー内の容積を分母にし、下死点におけるシリンダー内の容積を分子にしたときの数字を、圧縮比に対して膨張比と呼ぶ。つまり、実際にエンジンが運動エネルギーを取り出す仕事に直接関わりその目安となるのは、混合気の容積をどれだけ縮めているかの指標となる圧縮比ではなく、燃料の化学エネルギーを爆発エネルギーにどれだけ変換しているかの指標である膨張比なのだ。言い換えれば、従来のディーゼルエンジンは圧縮比の高さにふさわしい仕事をしているのではない、それを下回っている膨張比こそが実際の仕事の程度を示している、というわけだ。

これに対して、圧縮比を一四に設定したのびのびエンジンの場合、上死点の位置ですでに着火・燃焼を始めているため、BはBのまま変わらず、圧縮比はそのまま膨張比に等しくなる。仕事の程度を圧縮比で見ても膨張比で見ても変わらないということだ。こうして、マツダのエンジニアは、いかに圧縮比を上げるかが重要なのではなく、性能向上のために重要視すべきなのは膨張比である、これをいかにして上げるかが勝負、という発想に切り替えてディーゼルエンジンの開発にあたったのだ。ガソリンエンジン開発の場合と同じく、このディーゼルエンジンでも、同質の発想の転換をしていたことになる。

圧縮比を一四にまで下げれば、当然、シリンダー内での燃焼の圧力も下がる。この燃焼圧力の低減によってディーゼルエンジンにもたらされる恩恵がふたつある。

ひとつは、シリンダーやピストンなどエンジンの構成部品で発生する機械抵抗が下がることだ。構成部品が受ける圧力が低くなればなるほど、それだけ圧力に耐えるストレスが少なくてすむ。圧縮比一四の場合、その機械抵抗はガソリン並みに抑え込めるのだ。これだけで、燃料消費がなんと四から五パーセントも改善する。

ふたつ目。混合気が燃焼・爆発する圧力に耐えるシリンダーブロック（外壁）の強度を下げられる。圧縮比一八の場合は、シリンダーブロックの材料は鋳鉄だ。高い燃焼圧力に耐えるのに十分な強度を確保するためには、しかたがない。重量も重くなる。ところが、圧縮比が一四になると、それほどの強度を要求されないため、アルミ製のシリンダーブロックで十分な強度を確保できるのだ。シリンダーブロックだけではなく、ピストンや、ピストンの上下運動を回転運動に変えるクランクシャフトの強度についても同じことが当てはまる。この結果、開発の対象となった二・二リッターエンジンの場合、シリンダーブロック単体で従来と比較して二五キロも軽量化できた。ピストンは二五パーセントも軽量化。クランクシャフトも中心部の径を六〇ミリから五二ミリにまで縮小、こちらも二五パーセントの軽量化を達成できた。つまり、エンジンの重量が従来よりも大幅に軽くなり、おかげでコストも下がれば、車体前部に占めるエンジンという重量物が軽くなることによる操縦性の向上にもよい効果がもたらされるのだ。

ピストンやクランクシャフトといった可動部分が軽くなることで、高い回転数まで軽快に吹け上がる。したがって、従来のディーゼルエンジンの弱点とされていた高速走行での操縦感覚が格段に向上する。

アルミ製のシリンダーブロックをディーゼルエンジンにも展開できれば、ガソリンエンジンのそれと似た形状にできる。そうなれば、生産の効率も上がる。ここでもガソリンエンジンのエンジニアとディーゼルエンジンのエンジニアの融合を図った効果が表れた。実際に、マツダのディーゼルエンジンはガソリンエンジンと非常によく似た形状をしている。

こうして、圧縮比を一四に設定したディーゼルエンジンを開発することによって、その排気ガスにつきものだと思われていたＮＯxを取り除き、ＰＭの発生も劇的に抑え込めた。コストを上げてしまう原因となるＮＯxの後処理装置はいらなくなった。しかも燃料消費に優れ、マツダのめざすZoom-Zoomな走行性能は十分に満足できる。

ただし、まだ問題は残っていた。

ディーゼルエンジンの弱点は始動性にある。つまりエンジンが冷えているときはとくに、いわゆる〝かかりが悪い〟のだ。ガソリンエンジンと違ってピストンの動きにタイミングを合わせて着火させてくれる点火プラグがない。自己着火によって回転運動をするために、燃料の軽油の温度が着火点に達していないときは、燃焼が起こらず、円滑な回転に結びつかない。従来はこの弱点を補うために、グロープラグと呼ばれる部品でシリンダー内部の温度を着火点にまで上げる手法をとっていた。いったん始動すれば、エンジンは連続的に回りだす。ところが、圧縮比を一四にまで下げてしまうと、空気の温度が短時間では着火点にまで到達せず、グロープラグだけではエンジンが始動しても直後に止まってしまう可能性がゼロではなかった。その理由はこうだ。着火点に到達するまでの間は、それがごくわずかな時間ではあっても、燃料の一部に火がつかないという半失火という状態になるからだ。この現象が起こるのは、エンジンが回り出すまでのごくごく短い時間ではあるにしても、乗用車の商品性という観点からすれば、この弱点は克服しておかなければならない。

ここで、マツダのエンジニアが活用したのが、あのガソリンエンジンの4-2-1排気を使った排気ガスの流れを制御するという発想だった。ガソリンの場合は、燃焼の終わった混合気が排出されずにシリンダー内部に残留している量を可能な限り、減らそうとした。ここで、エンジンの動きと排気管の関係を探求したのだった。この技術をディーゼルでは逆に応用する。圧縮した空気の温度がすぐには上がってくれない。温度を上げるためには、燃焼し終わって高温になった排気ガスを使えばよい。つまり吸気をしているあるタイミングで、排気弁を開けてそこから高温の排気ガスを取り込むのだ。こうすれば、高圧縮比並みの空気の温度に上げられる。

あえて付け加えれば、このように排気ガスを再びシリンダー内部に取り込むのはごく限られた短い時間だけだ。エンジンが連続して回転を始めてしまえば、こうした半失火の現象は起こらないため、この仕組みは働くのをやめる。

クルマに乗り込んで、スタートボタンを押すとエンジンが始動する。すぐに発進しても、ごく普通の感覚で運転できる。初めて乗った人はおそらくガソリンかディーゼルかの区別はつかないだろう。クルマに詳しくない人は、ディーゼルと告げられるまでわからないに違いない。それほど、従来のディーゼルエンジンにはない優れた始動性と静粛性を備えている。しかも、街の中を走っていても、ディーゼルならではの力強い駆動力が伝わってくる。高速道路に出てみると、ガソリンエンジンと同じ感覚で加速できる。アクセルを踏み込むと、エンジンが息をつくようなそぶりを見せず、ガソリンエンジン並みに五〇〇〇回転以上にまで軽やかに回っていく。燃料消費性能はよい。軽油の性質上、もともとCO_2の排出量は少ない。ディーゼルの弱点だったNO_xやPMの排出もごくわずか。そのための尿素SCRシステムに代表される従来から装着が常識となっていたNO_xの後処理装置もないため、保守点検の費用も非常に少ない。もちろんその分、車両価格も下がる。

「ガソリンは秀逸、ディーゼルは鳥肌が立つ」

二〇一〇年八月のある日、ところはマツダが持っている三次《みよし》のテストコース。マツダの本社から北東に約一〇〇キロ、クルマでおよそ一時間半から二時間のところにある四・三キロの周回コースを持つテストコースだ。太陽のまぶしい暑い日だった。ここにマツダの役員が集まった。すべてを一新したマツダ車、つまり世界一のクルマづくりというロマンを詰め込んだその試作車の試乗を行なおうというのだ。それまで五年間にわたってロマンを追い求めて全力疾走してきた技術開発のひとつの集大成だ。とにもかくにも、この試作車の仕上がりが、性能が、二〇一五年までのマツダの命運を握っている。

「ガソリンは秀逸だった。ディーゼルを運転したときは、鳥肌が立った」

丸本はこんな感想をもらしている。これ以上に、このときの三次における試乗車を的確に表現したものはないだろう。

デザイン本部長の前田育男は言う。

「従来のマツダ車よりも一気に二段階、三段階上を行っていた。まさに驚きだった。当時進行させているC／Dセグメントのアテンザのデザインは、あの走りをとうてい表現しきれていないと感じた」

一九八二年マツダに入社。二〇〇三年に発売されたマツダ得意のロータリーエンジンを積んだスポーツカーRX‐8のチーフデザイナーを務めている。それまでのスポーツカーの常識を覆しドアが四枚、座席も四人分あるという独創的な製品だった。マツダ・ブランドの象徴として世界的に市場の注目を集め、業績回復に大いに貢献したモデルになっている。前田自身も、デザインスタジオにこもる静かなデザイナーではなく、休日になると自らステアリングを握って草レースを楽しむサンデー・レーサーでもある。そのドライビングの感性を試作車の試乗によって刺激されたのだろうか、前田はすでに進行中だった次期アテンザのデザインを全面的に変更しようと決意する。発売まで残された時間はわずかに二年と少し。通常なら、デザインの作業が最終段階に入っていくような時期での決断だった。日程的には無理な話だとはわかっていながらも、開発部隊そしてデザイン変更によって一番大きな影響を受ける生産部門に相談を持ちかけた。それでも関係者は、この前田の提案を受け入れた。目的はひとつ、マツダの自信作を世の中に受け入れてもらうことに尽きる。そしてマツダのブランドを確立することだ。そのためによいと認められることには積極的に挑戦するしかない。

この三次の試乗イベントから二カ月がたった一〇月に、マツダはスカイアクティブという名称を付けた新世代技術の全容を正式に発表する。マツダ車を完全に一新させる、エンジン、変速機、シャシー、車体あらゆるものを生まれ変わらせるという宣言の中に、ガソリンエンジンとともに、ディーゼルエンジンも入っていた。当初一年遅れの予定をまさに〝土壇場〟で前倒ししたという厳しい日程にもかかわらず、開発が間に合ったのだ。もちろん、この開発したばかりの二・二リッターディーゼルエンジンを載せるモデルの第一号は、ＳＵＶのＣＸ‐５だった。

二〇一二年二月一六日、東京都内で開かれたＣＸ‐５の発表会の会場に展示されたことは言うまでもない。

「マツダはこの新世代商品の第一弾であるＣＸ‐５によって新たな市場を創造いたします。社運を賭けております」

発表会の席上、山内が語ったこのことばは、大風呂敷でもなんでもなかったことは、その後の事実によってすぐに証明される。

すでに第一章で述べたように、発表後一カ月の間に受注した台数は約八〇〇〇台にもなった。これは当初の国内月間販売計画台数一〇〇〇台の八倍の数字だ。中でもディーゼルエンジン仕様の数字は驚くべきものだった。なんと約五八〇〇台に達し、受注台数の七三パーセントを占めていた。

この現象は一般的な新車効果によるいわゆる〝瞬間風速〟では終わらなかった。その後の一〇カ月間で、つまりこの年、一二年の末までに、国内の販売台数は三万五四〇八台を記録した。スカイアクティブ搭載の完全な〝新種〟が一〇カ月で三万五〇〇〇台あまりを売り上げた事実自体が、マツダの次世代技術スカイアクティブに対する世の中の好意的な評価を証明している。しかもそのうちディーゼルエンジン仕様車の台数は二万六八三七、販売されたCX‐5の約八〇パーセントという数字になった。前年の二〇一一年、国内のディーゼルエンジン搭載車の年間販売台数はわずかに八八〇一台どまり。CX‐5のディーゼルエンジン搭載車はこの数字を上回るどころか、単一車種でそのおよそ三倍の台数を、わずか一〇カ月の間に達成してしまったのだ。

この事実は、ディーゼルエンジン乗用車そのものに対する世の中の関心を高めることにも貢献した。国内におけるディーゼルエンジン乗用車の販売台数は、この年二〇一二年に急増、四万二〇一台と一気に四万台を突破。この数字からマツダ車の販売台数を差し引いても前年比二八パーセントとなる二四八一台増加している。これ以降、国内販売台数が二〇一三年には七万五七〇一台、翌二〇一四年七万九二二二台とディーゼルエンジン乗用車の市場は右肩上がりの成長を記録した。

ちなみに、こうした市場の動向を先読みしたのだろうか、CX‐5が発表されてほぼひと月後、つまり二〇一二年三月一六日に、あのPM入りのペットボトルを示した石原都知事が、都庁での定例記者会見で「ディーゼル車が増えるのは歴史的必然」と発言している。

こうしてマツダは国内のディーゼル乗用車の市場を文字通り牽引、同社の市場占有率はCX‐5を発売した二〇一二年には七〇パーセント、続く同一三年、一四年ともに六〇パーセントを越えている。言い換えれば二〇一二年から三年間、国内で販売されたディーゼル乗用車の五台のうち三台のクルマにマツダのバッジが付いていたことになる。

このような堅調な販売に合わせて同車の生産体制も拡充し、二〇一五年四月には累計一〇〇万台を突破する。発売当時に設定した年間販売台数目標は全世界で一六万台だったことからすれば、当初予定していた台数のなんと二倍を生産したことになる。

まさにマツダの快進撃とも言える現象が起きたのだった。

こうして、山内が表明した「市場の創造」は決して大風呂敷ではなく、まさに市場で現実のものになっていく様子が誰の目にも明らかになる。

7

たいまつは若い世代に引き継がれる

「ＣＸ‐５は確かにうまくいった。しかし、次に発売を予定していたアテンザを出すまでの間はずっと心配だった」

執行役員の藤原清志（現・常務執行役員）に気の弛みはなかった。

アテンザは、二〇一五年までに市場導入する新世代製品群におけるＣ／Ｄセグメントの乗用車だ。ＣＸ‐５発売から九カ月後の二〇一二年一一月に導入することになっていた。マツダにとってはラインアップの最上位となる重要なモデルでもある。アテンザを筆頭にアクセラ、デミオの基幹三モデルがマツダの製品戦略の柱になっている。したがって、スカイアクティブ技術を搭載し生まれ変わったマツダ車が本当に成功するかどうかは、基幹車種として最初に投入されるアテンザの評価にかかっている。

「売らなければ、なんにもならない」

藤原のこの心配は心配として、ＣＸ‐５の絶好調とも言える販売の状況は、当初内々、月に一〇〇〇台程度と見込んでいた国内営業本部にとって嬉しい誤算となった（発表当時マツダの公式月販目標台数は一〇〇〇台）。販売店には、普段あまり縁のない輸入車のオーナーもＣＸ‐５目当てにやって来た。長野県のあるディーラーでは、「嬉しいことに、既存車の半分の価格でクリーンディーゼル車が買える」と輸入車から乗り換えた来店客もあったという。こうして発売日から三月末までのわずか四〇日あまりで国内営業本部が販売した台数は四六〇〇台を越えた。

実はスカイアクティブ技術を搭載した新世代製品の開発と並行して、その販売を担う国内営業本部は、新規導入時の受け皿となる販売態勢の刷新に早い段階から取り組んでいたのだ。とくに、藤原が心配しているアテンザの導入時期までに、従来とは異なる販売環境を整えようとしていた。この動きの具体的なきっかけをつくったのが、二〇〇八年に国内営業本部の本部長に就任した常務執行役員の稲本信秀だった。一九七七年マツダに入社、以来物流や品質を担当してきたエンジニアで、二〇〇五年からは品質本部長を務めていた。

「国内営業本部の担当になってまず疑問に思ったのは、なぜ正価販売ができないのかということだった。昔から言われ続けているじゃないか。しかしわかっていながら、なぜ同じことを繰り返すのか」

日々コストと格闘し続けてきたエンジニアとしては非常に理解に苦しむ販売環境の話だった。すでに述べたように、まさにこの二〇〇八年、生産の現場では、常務執行役員の小飼雅道（現・社長）をはじめとする生産・製造・購買などを担っている役員が現行製品の一台一台をティアダウンして、コスト削減の実をあげようと汗を流している。

加えて、新たな知恵と発想による将来に向けたモノづくり革新や次世代技術の開発も進行している。

こうした開発・生産サイドの努力に販売担当として応えるために、そして生まれ変わった新世代の製品が発売されたとき、正当な価格で顧客に十分納得し購入してもらえるような販売環境を用意しておかなければならないという意味でも、稲本は販売の態勢もマツダ車と同様、一新するべきだと考えた。技術は新しい、しかし販売はあいかわらず旧態依然とした手法のままではいかにもお粗末であり、許されないことだ。もちろん、正価販売のことをそれまでマツダが忘れていたわけではない。二〇〇一年以降、Zoom-Zoomを標榜するマツダ・ブランドの地位を高めるため、そして収益性を向上させるために、正価販売の方針を打ち出してはいた。

しかし、これは文字通り〝言うは易く行うは難し〟の仕事であり、マツダに限らず、国内の自動車メーカーは多かれ少なかれこうしたビジネス形態や習慣に頭を悩ませている。国内販売奨励金という名の販売促進費がときとして、とくに国内の場合九月や三月といった決算期の末には、メーカーから販売店に渡され、販売台数を伸ばすための方策に使われる。また大口の需要家に営業車などの用途としてまとめて購入する台数に合わせて彼らに有利な条件で販売する手法、つまり〝フリート販売〟も営業政策として存在している。いずれにしても、一台あたりの利益を犠牲にしても販売台数を伸ばそうという考え方、売り方だった。これではなかなか健全な販売に移行するのは難しい。

稲本が正価販売を唱え、小飼などが現行車の徹底的なコストダウンに取り組んでいるまさにそのときに、あのリーマンショックが襲う。これによってマツダが危機に陥ったことはすでに述べた。危機にはなったものの、ある意味ではこれがそれまで思うに任せなかった正価販売の機運を一層盛り上げた、というより、この危機的状況が正価販売の実行を迫ったのだった。景気の低迷がどこまで続くかわからない、クルマの販売もどこまで落ち込むかわからない、こんな状況で販売部門への販売奨励金など論外、場合によっては自殺行為になりかねない。さらには販売奨励金が過去、マツダのブランド構築に悪い影響を与えてきたのは、否定のしようのない事実だった。

稲本は販売店の意識改革に積極的に乗り出す。そこに特別な魔法の手法があったわけではなく、それはごく常識的なものだった。よく言われるように、顧客とのコミュニケーションを密にする、顧客の満足度を上げるために何をするべきかを販売担当者ひとりひとりが考える、顧客がサービスや相談のために訪れる頻度を上げるための施策を考えるなどなどという話は、昔から業界にはあふれているといってよいだろう。口先では誰でも、なんとでも、きれいごとが言える。しかし稲本は自ら行動を起こす。改めて、この常識的な施策を個々の販売店に浸透させていくことに取り組んだ。その基本にある考え方こそ、広島の本社で延々と続いてきた生産と開発の間の深い溝、コミュニケーションの断絶を解消し、組織の壁を取り払うための意識改革と仕事に対する姿勢の販売サイドへの展開だった。

販売店レベルでは、販売担当者とサービス担当者の間の壁を取り除き、日常的な意思疎通を図る。その目的は共通であり、そしてひとつ、顧客をいかに笑顔にするか。この共通の目的を互いに認識することによって、販売店と販売会社の本部、また販売会社とこれを統括する国内営業本部とのコミュニケーションギャップを解消する取り組みを日常的に続ける。さらに、国内営業本部は、クルマを開発生産する側、つまり本社の企画部門、開発部門、あるいは生産部門とも連携して、広島のスタッフが、必要とあれば直接、販売店にまで出向いて共同作業をするという仕組みや意識を醸成していく。稲本はこの活動を国内営業本部の立場から、「マツダ営業方式」と名付けている。この名称に、とくにこれといった特徴はない。どちらかと言えば、ありきたりだ。それでもこれには、マツダが取り組んでいた開発・生産の中核となっている。〝モノづくり革新〟に対応したマツダの販売革新という意味が込められている。実際に、この営業方式の実施が引き金となり、販売会社でも具体的な経営改革を実行し始めた。

たとえば、関東マツダでは、販売担当者の給与体系を大きく変更。個別に与えられる販売助成金を半減させた。そして販売担当者の能力を単に販売台数の多寡だけではなく、顧客視点あるいは顧客満足度の観点からの評価をも加味して再定義し、その能力と実際にあげた成果に応じて加給金を支給する制度を創設した。つまり、毎月の売上台数至上主義的な〝売らんかな〟の姿勢とその実績という基準だけが担当者を評価する基準ではなくなったのだ。これによって、販売担当者ひとりひとりが、自分の仕事に各自の顧客目線をとり入れる方法を工夫するようになっていく。

これに呼応するように、本社からは開発エンジニアが直接販売店に出向いて新しいモデルの紹介や意見交換を行なう習慣も徐々に生まれてきた。藤原が「主査は新車を開発しているときより、いったん市場に出てからのほうが忙しい」と語っている理由のひとつがこれだ。主査は販売の現場を国内に限らず海外も含めて飛び回っている。場合によっては役員までもが販売店の視察ばかりか支援にも出かける。東京のある販売店では、来店客がクルマを降りてからの店内への誘導をより効率的に行なうための動線の検討に、生産の専門家である菖蒲田清孝が知恵を出したりしている。この常務執行役員じきじきのアドバイスを受けて、工場の生産ラインで作業者が効率よく動ける動線のノウハウを販売店にも活かそうというのだ。

販売店の現場には、デザイナーもまた積極的に出かけていく。

発売をわずか二年後に控えて、アテンザのデザインを大幅に変更すると決断したデザイン本部長の前田育男自身が率先垂範。自らの守備領域であるデザイン、つまりクルマの造形だけにとどまらず、その視野を販売店にまで広げている。

前田は言う。

「クルマは単なる製品ではない。われわれの魂を込めた作品であり工芸品だ。それを最前線の販売店でいかに顧客に提示するか、この工夫もデザインの仕事であり、そこまで踏み込まないと、クルマのデザインは完結しない」

販売店の店頭をいかに仕上げるか、そこに「○○の商談会」といったのぼりが林立するような雰囲気が、〝作品〟にとってふさわしいとは言えないということだろう。画家が自分の作品を美術館に並べたいという心境にきわめて近いのかもしれない。料理人なら自分の自信作を普段使いの皿ではなく、魯山人の皿に盛りたいと思うだろう。したがって前田は、マツダがとくにスカイアクティブ技術完成後、社長を先頭に全社で取り組んでいるブランド構築という観点からも、建築設計家やインテリアデザイナーなども巻き込んで、自ら積極的に販売店の改装、改築に関わっている。その成果が実を結んだのが、二〇一二年一一月に発売されたアテンザだった。

関東マツダの社長を務めている西山雷大は言う。

「アテンザの店頭での見せ方はああしろ、いやこうしろと前田が注文をつけてきた。見せ方の規制をかけてきた。現場もわからないのにと前田に逆に注文をつけたりした」というやりとりや現場の試行錯誤を経て、今では、マツダのブランドを顧客に統一的に提示できる店頭デザインを構築し、それに沿った販売店の改装改築が進んでいる。社長の小飼もそうしたうるさい注文のついた店舗の完成に合わせて現地に赴き、販売促進に一役買っている。デザイン本部長自らがこうして販売店の店舗デザインに乗り出しているその目的は、販売店まで含めたマツダ・ブランド、マツダ・デザインの統一化を図りなおかつそれを浸透させ、高めることにある。とは言え、これはある意味でどこの自動車会社でも考えている教科書通りの理由だ。前田の積極姿勢には、もうひとつ別の理由があるようだ。マツダは国内にショールームを持っていない。東京や大阪など主要都市の中心街繁華街にはたいてい、大手自動車メーカーのショールームがあるものだ。各社はそこで自社のブランドをアピールし、また情報を発信している。現在のマツダにはそれがない。そこで、そのショールームの機能を可能な限り、改装した販売店に持たせようとしている。二〇一五年初頭、東京都目黒区にある碑文谷店がその第一号となった。完成後は広島から主査やデザイナーが訪れ、マツダ車のオーナーに直接プレゼンテーションを行なったり意見交換をしたりしている。

小飼は言う。

「売らなければ、なんにもならない」

売りたい張本人が直接説明するのが一番だ、だから開発の人間が販売や営業の現場に行っている、当然のこと、と付け加える。

「だから、これからは逆に、販売や営業の人たちが開発の現場に入ってきてほしい」

のびのびエンジン、のびのびパワートレインを開発する過程で、開発・設計と生産・製造の間の壁が次第に解消していったように、マツダ営業方式によって、広島と各販売会社そして販売店との溝を解消し、意識改革を進めようとしている。こうした販売環境の整備がアテンザの好調な販売にも結びついているのだろう。

マツダのディーゼル、快調に走る

「CX-5が好調なのはよいけれど、アテンザが出るまでは心配だ」というあの藤原の心配は、ふたを開けてみれば、杞憂に終わった。九カ月後の二〇一二年一一月二〇日に発表したアテンザは、発売一カ月で七三〇〇台を受注。月間販売計画の七倍以上の数に達した。そのうちディーゼルエンジン仕様車がなんと七六パーセント。しかもなんとディーゼルエンジン仕様車の発注者は納車まで三カ月間待つこととなる。CX-5発売のときと同じ現象がまた起こったのだ。この時点で初めて、藤原はスカイアクティブ技術が市場に定着する確かな手応えを感じたはずだ。また、七六パーセントがディーゼル仕様車という数字は、ディーゼルエンジンの開発を一年前倒しし、発売をガソリンエンジンと同時にするという決断が間違っていなかったことを改めて証明してくれたのだ。

スカイアクティブ技術を詰め込んだ新世代製品の販売の好調ぶりを背景に、社長の山内孝も藤原同様、その将来性に自信を深めていく。技術同様、販売の現場にも改革の機運が盛り上がり、とくに定価販売に手応えを感じると、山内は公式に「マツダ・プレミアム」という表現を打ち出した。これは、マツダのブランドを構築する作業の一環として、それを端的に象徴することばとして考え出されたものだろう。実は、プレミアムということばは、一九九〇年代前半、マツダの経営が低迷する大きな原因ともなったプレミアムブランド志向への反省から、長年、使うのを避けていたものだ。そうしたことばを山内があえて使ったのは、二〇〇五年以来進めてきたモノづくり革新、スカイアクティブ技術の開発がそれなりの成果をあげたと判断し、その成果をテコに、マツダ・ブランドに対する世の評価を一層高めようとする積極的な意図があったからだろう。

マツダのブランドの定義を社内に浸透させようとし、さらにマツダのイメージビデオの制作にも取り組んでいた梅下隆一（現・カスタマーサービス本部長）が、このマツダ・プレミアムについてこんなことを言っている。

「開発や生産サイドは、世界一を目ざすという目標で一致していた。しかし会社全体でブランドを考える雰囲気からはほど遠かった。販売サイドもサービスにも、マツダが目ざす顧客の姿を描き、訴えかけることばがあるはず。アテンザ発表のときこそ、全社に向けてマツダのメッセージを投げかける絶好の機会だと経営陣に提案した」

山内はこのことばに触発されてかどうかは別にして、全社を束ねようとした。ただし決して、プレミアムを世の中一般が解釈する「高級・豪華」「高価格」という意味では使っていない。山内がそこに持たせた意味は、マツダとユーザーとの関係が、他社のそれとは違った特別なもの、つまりユーザーとのつながりをどこまでも大切にするということだ。高級や豪華、高価格という意味はない。

社長の小飼も言う。

「どんな最新技術も手頃な価格でなければ世の中に受け入れられない。性能向上は価格上昇の言い訳にはなり得ない」

だから性能と価格のバランスに優れたクルマづくりこそがマツダのとるべき方向だと説く。

二〇一二年度の業績は、一気に好転する。あの一四四二億円の公募増資に加え劣後ローン七〇〇億円という思い切った資金調達と、スカイアクティブ技術による新世代製品の投入が功を奏したからだ。売上高は二兆二〇五三億円で前年より約八・五パーセント増にとどまったものの、営業損益は前年の三八七億円の赤字から五三九億円の黒字、純損益に至っては、同じく一〇七七億円の赤字から三四三億円の黒字転換となった。依然としてドル八〇円前後の円高基調が続く重苦しい環境を跳ね返しての業績回復だった。CX-5を新世代製品第一号とすると決めた二〇〇九年当時、山内主導のもとドル八〇円あるいは七五円でも利益が出る経営体質にするという努力が報われた結果であることは明らかだ。

アテンザに続く新車投入の計画は、二〇一三年にCセグメントのアクセラ、翌二〇一四年にはBセグメントのデミオ、さらに二〇一五年初頭にはSUVのCX-3となっていた。

アクセラには、二〇一〇年三月に締結したトヨタとの技術ライセンス契約をもとにして開発したハイブリッド仕様車も用意。またCX‐3は排気量一・五リッターという国産車唯一の小型ディーゼルエンジン専用車という、国内市場では競合車種が全く見当たらない戦略的な製品だった。新車投入のペースは決して早くない、また車種もひとつのカテゴリーに一モデルという生産規模の小さなマツダだからこその独特な戦略を展開した。各カテゴリーでマツダ車の顧客、マツダ車に関心を示すファンを確実に取り込む、あるいは囲い込む作戦だ。マツダ営業方式によって顧客の納得のいく正価販売を可能な限り貫く。決していたずらに台数を追わない。利益を犠牲にしてでも販売台数を稼ぐ、という過去の習慣から抜け出そうとする意識が、新世代製品の勢いによってしだいに高まっていく。

関東マツダの西山は言う。

「スカイアクティブ車投入以降、来店客のいわば客層が変化し始めた。最初のうち、〝乗ってもらえばよさはわかるけど〟とつぶやいていたセールス担当者が、口コミで来る顧客に応対しているうちに自信をつけてきた」

正価販売が通用すれば、おのずとブランドに対する自信も生まれる。それが今度は、顧客からのブランドに寄せる信頼感につながっていく。

メキシコ工場、そして新たな構造改革へ

こうしてスカイアクティブを詰め込んだモデルが当初の計画通り三年間かけて五車種揃った二〇一四年度の業績は、売上高三兆三三九億円、営業利益二〇二九億円、純利益が一五八八億円となった。営業利益、純利益とも過去最高で、しかも純有利子負債を一七一九億円にまで減少させている。二〇〇八年度に記録した五三二八億円と比較すると、七年間で三分の一以下に落としたことになる。ロマンを追求して開発した技術とそれを支えた経営そして販売、それらの融合がもたらした好業績と言えるだろう。

この好業績を記録するに至るまで、マツダはその弱点である為替変動に対する耐力不足を解消するため、長年懸案であった海外における生産拠点の整備にも取り組んでいた。その象徴的な存在が、二〇一四年一月から稼働し始めたメキシコ工場だ。メキシコの首都メキシコシティーから北西に約二五〇キロ、サラマンカ市にある。どこの国を選択するかは別として、苦しいけれども海外生産拠点を建設すべきと決断したのは二〇〇九年の末ごろだった。この年、九三三億円の公募増資を実施したことはすでに述べた。その後二〇一一年六月に住友商事と合弁事業というかたちでメキシコに工場を建設することで合意に至る。超円高の時期で、マツダの信用力だけでは十分でなく、当初の投資額五億ドルに対して、

住友商事の資本参加をあおぐ。その出資比率は三〇パーセント。メキシコは北米自由貿易協定をカナダ、アメリカとの間で締結しており、北米の巨大な自動車市場を近くに持っていることからも、生産拠点を設けるには適切な国だった。

メキシコ工場の稼働開始を安定的で確実なものにするため、翌二〇一二年一一月、トヨタとの間でデミオベースのトヨタ車を年間五万台生産することで合意する。二〇一四年一月操業開始時の生産規模は年間一四万台。開始後間もなくその生産規模は二三万台に引き上げられている。二〇一二年二月に実施した公募増資一四四二億円のうち三〇〇億円がこのメキシコ工場に投資されていることはすでに述べた通りだ。財務的に非常に苦しい環境下での工場建設の決断、住友商事との協議、さらには安定的な工場運営を維持するために行なったトヨタとの生産の交渉、もちろん避けて通れないというより当然のメキシコ政府やサラマンカ市との政治的な調整・交渉などなど、マツダにとってそして新世代製品にとって非常に重要な生産拠点の構築に山内孝をはじめとするマツダの経営陣は奔走した。

その努力が実を結び、メキシコ工場の建設・操業が順調に運んだことによって、二〇一四年度には総生産台数のうち海外生産の占める割合が、三三パーセントに上昇している。具体的には、総生産台数一三七万五〇〇〇台、海外生産台数合計四五万六〇〇〇台、国内九一万九〇〇〇台。前年の二〇一三年度にはそれぞれ一二六万九〇〇〇台、二九万六〇〇〇台、九七万三〇〇〇台であったため、メキシコの生産台数がほぼそのまま海外生産比率を高めていることになる。よいときほど幸運が巡ってくるもので、二〇一四年度の利益が増加したのは、為替相場が円安傾向に動いたことも寄与している。リーマンショック以降続いた円高傾向は二〇一一年ころにはドル八〇円を切るという〝超円高〟になってしまっていた。ところが二〇一三年には同一〇〇円前後に回復、その後はさらに円安傾向に振れている。ドル八〇円でも利益の出る経営の構築に邁進してきたマツダにとって、この傾向は非常に有利だ。史上最高益もこれと無縁ではないだろう。

いずれにしても、為替変動に対する耐力は着実に向上していると言える。メキシコ工場の役割はその意味でも今後ますます重要になると思われる。

最近二、三年の業績の好調さを受け、二〇一五年四月二四日の二〇一四年度決算発表の席上、社長の小飼は二〇一二年二月に山内が発表した構造改革の第二段階の施策として、二〇一九年三月までの三年間の「構造改革ステージ２」を発表した。それは基本的に、いたずらに数を追わず、ブランド構築を図りながら着実に利益をあげるというプランに見える。具体的には販売台数は一六五万台。一年に五万台ずつ増加させようという数字だ。かつて掲げた一七〇万台を下回った数字に抑えているところに、マツダが量よりも質を重視した経営をめざしていることがうかがえる。

きわだっているのが、この構造改革と並行して行なわれる技術開発の目標だ。二〇二〇年までにマツダ車全体の平均燃費を二〇〇八年比で五〇パーセント改善するというのだ。現在までにスカイアクティブ技術によって二〇〇八年比で三〇パーセントの改善を果たしている。今マツダ車の販売が好調に推移しているのは、明らかに、この優れた環境性能がその操縦性能とあいまって高く評価されているからだ。しかしその余勢をかって、これからの五年間でさらに燃費を二〇パーセント改善するという。これは容易な話ではないだろう。と言うより、驚くべき数値目標と言ったほうが適切かもしれない。

小飼はこれまでのスカイアクティブを第一世代、これからのそれを第二世代〈スカイアクティブ・ジェネレーション2〉と呼ぶ。技術的なハードルは高い。今までと異なる斬新きわまりない発想が必要になるだろう。小飼によるプレゼンテーションの資料には、「究極の燃焼技術と電動化技術を組み合わせ、劇的に燃費性能を改善」とある。開発のキーマンである藤原や常務執行役員パワートレイン開発本部長の人見光夫は、この小飼の表明した技術目標にどのように応えるのだろうか。人見のことばを借りれば「教科書通り」に取り組んで、その答えを導き出すというのだろうか。

小飼がこの目標を打ち出した背景にはどんな考えがあるのか。こんなことを言っている。

「マツダは順風満帆という声が社外から聞こえてくる。とんでもない。ありがたいことに、新世代商品が今のところ世の中に受け入れられているのは事実。しかし、スカイアクティブも次の世代にまで行かないと本物かどうかわからない。本物にならない限り、マツダのブランドも確立しない」

だから、これからの三年間が勝負だ。気を緩めることなく、今まで以上の危機感を持って臨まなければならない。やっとのことで危機を乗り越えたあとの安堵感が、また新たな危機を招くものだ。そんな歴史を繰り返してはならない、小飼の考えは明快だ。

山内孝の最後の仕事

二〇〇六年以来、当時常務執行役員を務めていた金井誠太(現・会長)が唱えたロマンの追求がひとつの区切りを迎えた。二〇〇八年以降、繰り返しマツダを襲った危機もなんとか乗り切った。いや、それ以上に、将来の成長に向けての道筋を開いてきた。山内にとってての区切りになったのは、二〇一四年二月二七日に行なわれたメキシコ工場の開所式だった。ニエト・メキシコ大統領も駆けつけたこのイベントが終わったその日、関係者が集まった夕食会の席で山内は満面に笑みをたたえていた。二〇〇八年以来マツダの苦しい舵取りを続けてきた、その役割のゴールがメキシコ工場の開所式となったのだ。二〇一一年の大震災によって先延ばしになってしまった機会、すなわち後進に道を譲るという機会が、その三年後に再び巡ってきてくれた。満面の笑みは、その解放感から生まれたのかもしれない。この開所式からさかのぼること約八カ月、二〇一三年の六月に、山内は社長兼CEOの椅子を小飼雅道に譲り、代表取締役会長に就任していた。すでに後進に道を譲るプロセスに入っていたのだ。

メキシコ工場の開所式から四カ月がたった二〇一四年六月二四日、株主総会そしてその後の取締役会のあと、山内は一九六七年に入社して以来四七年間にわたって仕事をしたマツダをあとにする。その最後の仕事は、社員が企画したプロジェクトYの指示にしたがって、役員専用車に乗り込むことだった。本人は、このプロジェクトYなるものの〝正体〟を事前に知らされていなかった。

この六月という時期の日は一年で一番長い。まだまだ空は青く澄み渡り、太陽が西に沈むのをためらっているようなその日の夕方、正面玄関で待機していた役員専用車のMPV（マツダのミニバン）は、山内が後部座席に乗り込むと、いつもと違った方向に走り出した。普段ならすぐ外の公道に向かうはずが、この日は、その進行方向をいつもとは逆の西に向け、交通信号まで備えた一般の道路と見紛う本社工場構内の道をゆっくりと進んだ。MPVのウインドー越しに目にしたのは、その道路の両側を埋めた社員だった。手を振ったり、大きな声をかける社員に混じって、思い思いに感謝の気持ちを書いたプラカードを掲げている者も少なからずいる。クルマがゆっくりとした速度で二〇〇メートルほど走ったところで、猿猴川にぶつかる。ここで右に折れて北に三〇〇メートルほど行ったところで今度は猿猴川を西に渡る。その先が北門の出口だ。ここまでの五〇〇メートルほどの沿道を埋めた社員は一〇〇〇人前後。本当はもっと沿道で見送りたいという人が多くいたという。危険回避の意味もあって彼らが自主規制をしたらしい。

山内は沿道の社員ひとりひとりに会釈、その感謝の気持ちに応えていた。

小飼の山内評はこうだ。

「本当に肝の据わった人物。任せてくれた。リーマンショックのときも震災のときも、はたまた生産の責任者として苦しいときも全面的に任せてくれましたね。信頼をしてもらっているという実感がありました。社長時代を通じて、その姿勢は一貫して平然としていましたね」

そしてこのプロジェクトYのことを振り返って付け加えた。

「そりゃもう、みんなみんな感謝感謝ですよ」

六月二四日、マツダの舵取りは、全面的に小飼の手に委ねられた。この日を境に、山内は一切マツダの経営に関わることがないだけではなく、連絡すらとっていない。もちろんメディアのインタビューも全く受けていない。マツダの経営に対して元経営者の立場でコメントをすることも皆無。小飼によればこれがマツダの伝統だという。そういえば、二〇〇八年一一月、山内に舵取り役を譲った井巻久一もまた、山内同様、マツダの経営とは一切かかわっていない。

小飼が口にした〝全面的に任せてくれた〟という山内評は、この事実からも十分に納得がいく。アメリカの第三五代大統領J・F・ケネディのことばを借りれば「たいまつは若い世代に引き継がれ」ていくものだ。今、たいまつは小飼をはじめとするマツダ経営陣の手の中にある。小飼は言う。

「マツダの若い世代に対しては、ひとりひとりが主体的に、自らの判断で新しいことに挑戦する姿勢を貫くことを期待している。これがある限りマツダは成長する」

マツダの次のロマンは何か

マツダはこの一〇年間、世界一のクルマをつくるという大きなロマンを追いかけてきた。それは年間の生産台数が一三〇万台前後という小さな自動車メーカーが追いかけるには大きすぎるロマンかもしれない。しかし、そのロマンを現実のものにするために、彼らはスカイアクティブ技術という従来にない斬新な発想で自動車の核心的な部分をマツダの流儀で生まれ変わらせた。

その代表格が、ガソリンエンジンとディーゼルエンジンだ。前者の場合は、それまできわめて難しいと考えられていた、ガソリンエンジンの高圧縮化をなしとげ、後者の場合には同じく難題と思われていたディーゼルエンジンの低圧縮化に成功、どちらも十分な環境・燃料消費性能を備えながら同時に動力性能の向上をも実現した。それはまさに技術のブレイクスルー。しかもそのブレイクスルーを成し遂げた技術と、フレキシブル生産に代表されるマツダ流の手法〝モノづくり革新〟とによって、きわめて競争力のある価格を生まれ変わったマツダ車につけることにも成功した。どんなに立派なロマンも、それが現実に広く受け入れられ、そして同時にそこから利益を生み出すための冷徹なソロバンもハジいていなければ、ロマンはロマンのままに終わってしまう。

マツダはとくに戦後、何度もロマンを描いてきた。広島の復興のためにつくった三輪トラック、自動車メーカーとしての地位を確立するためのロータリーエンジン開発。世界的な自動車メーカーに成長するための五チャンネル政策などなど。その過程で、ロマンと同じほどの数の艱難辛苦も経験したことによって、ロマンはソロバンと表裏一体になってこそ、ロマンになると認識したのではないか。少なくとも、最近一〇年間はこの認識のもとに、技術開発と経営戦略を展開しているように見える。

今から一〇年後、二〇二五年には、世界の自動車生産数は一億数千万台になっていると予測される。マツダのシェア二パーセントとして、年産二〇〇万台。どう逆立ちしても、四〇〇万台あるいは六〇〇万台といういわゆるビッグプレーヤーにはなり得ない。

副社長の丸本明は言う。

「世界シェア二パーセントの会社が生き残っていけるなどという状況は、自動車業界以外にはあまり見当たらない。そうした業界でマツダが生き残っていくためのカギは、わずか二パーセントという小さなシェアのスモールプレーヤーの特徴を存分に活かした独自性の追求だ」

独自性を発揮したクルマとそれを支える独自の経営、そして販売政策。

奇をてらった独自性ではなく、スモールプレーヤーだからこそできる顧客にとって価値のある、あるいは期待を越えるクルマづくりを考えていく。その先に、ロマンとソロバンの両方を意識するようになったマツダのブランド構築のゴールが見えてくる。

小飼は言う。

「二〇二〇年の創業一〇〇周年？ それはあくまで通過点でしかありません。一〇〇周年をす〜っと過ごして、その先をず〜っと昇っていけるようにしたいですね。会社は経営者が動かしているのではありません。ひとりひとりの挑戦する意欲、気持ちが会社を支えているのです」

マツダは自社の製品をスカイアクティブという技術によって生まれ変わらせた。そして同時にその過程で、自らをも生まれ変わらせようとしている。今、広島市の中心部から東南東約五キロ、向洋の地には、一九九六年四月一二日、フォードから経営者を迎え入れることが明らかになり、世の中をそして広島の人々を驚かせた、あのマツダではない、別のマツダが存在している。

8

マツダはこれからも攻め続けられるか

最後に、マツダのブランド構築という観点から、本編で書かなかったマツダの代表的車種であるロードスターについて少しばかり触れておきたい。

とにかく、ロードスター誕生のインパクトは強烈だった。それは今から四半世紀以上前の一九八九年八月五日と六日のこと。九月の発売を目前に控え、この日に開催された予約会場は全国で四六カ所を数えていた。しかも主要都市ではたとえば東京では東京プリンスホテルとホテルオークラというように、ホテルを会場にしたほどの大イベントだった。広島地区の会場は二カ所。そのうちひとつは、なんとマツダの本社ショールーム。他の会場と同様、八月五日の早朝から印鑑と予約金を手にした顧客が列をなしたという。

この日を境に、ユーノス・ロードスターはしだいにマツダを代表する製品になっていく。

ロードスターこそZoom-Zoom

ただし、こうした華やかな予約会を開催したのは、ロードスターに、ユーノス・ブランドを立ち上げる役割を与えたからであって、当初からマツダ・ブランドの象徴という意図があったわけではない。当時マツダは、トヨタや日産に伍してフルライン・メーカーになろうとして、名称の違った五系列の販売チャンネルを構築する過程にあった。そのうちのひとつのチャンネルが取り扱うブランドが、ユーノスだった。ユーノスに他の四つのブランドとは違う性格を持たせるという目的のもと、いわばその〝目玉〟あるいは〝象徴〟として、当時市場にほとんど存在しなかったユニークな二シーターの軽量オープンスポーツカーが企画されたのだった。

「何台売るつもりだ」
「月に五〇〇台です」
「何を考えてるんだ、国内で月五〇〇台はどう考えても多すぎる、無理だ」
「いえ、全世界で、です」

初期の企画段階ではこんなやりとりもあったと聞く。
それもそのはず、当時の軽量オープンスポーツカーは次第に厳しくなっていく環境性能や衝突安全性能に対応しきれず、世界的に冬の時代になっていた。世界最大の市場アメリカですら、年間販売台数わずかに七〇〇〇台程度。極端に言えば、誰も開発しない、誰も買わない、それでも買うのは一部のマニア層だけ、そんな市場だった。

マツダはそんな市場に挑戦した。販売サイドの姿勢も否定的。「売れない」「宣伝費はかけない」。ところが、驚いたことにいざフタを開けてみると、売れた。爆発的に売れた。八九年の九月から一二月までの四カ月で九三〇〇台を販売。北米や豪州を合わせて、この年八九年の年末までに三万五〇〇〇台以上を売り切った。

もちろん、製品の性能がよくなければ、売れるわけはない。ロードスターはこの点でも顧客の期待に応えた。その秘密は、まさに性能と価格のバランス、とくに誰にでも手の届く価格だった。

企画段階での目標は、車両本体価格と税金や保険料など顧客の支払い総額を合計で二〇〇万円以内にすることだった。さらに、開発段階で車両を磨き上げていくときの基準はあくまで「欲張るな、シンプルにしろ」だったという。

やがてときが移りマツダの経営が不振に陥って五チャンネル政策が終わると、ロードスターの名称は、一九九八年のフル・モデルチェンジを機にマツダ・ロードスターに変更される。

発売からすでに二六年、この間三回のモデルチェンジで生まれ変わり、二〇一五年五月二〇日に発表された四代目では、マツダ・ブランドの象徴とされ、ブランド戦略の中核に据えられた感がある。

確かに、マツダにとって現在のロードスターの果たす役割は大きい。スカイアクティブ技術を盛り込んで二〇一五年までに発売する新世代製品六モデルの最後を飾る製品であり、デザイン本部長の前田育男が取り組むマツダ・ブランドの統一的なデザインテーマを具現化する重要な存在で、なおかつマツダ・ブランドのイメージリーダーでもある。

ただし、忘れてならないのは、現在の役割は一九八九年当時のマツダが意図したものではなく、むしろ〝思いがけない幸運〟によって同社にもたらされたものだ、ということだ。もし当時からマツダ・ブランドの象徴にしようとしていたならば、ユーノスではなくマツダのブランドをつけていたはずだ。皮肉な言い方をすれば、とかくマツダの五チャンネル政策は批判的に語られるものの、逆に五チャンネル政策に突き進んだおかげで、ロードスターは生まれてきた。マツダにとってロードスターは、五チャンネル政策が遺してくれたよき遺産なのだ。

その遺産が多くのユーザーに支持され続けているのは、そのデザインもさることながら、ロードスターが最初から持っていた運転感覚によるところが大きい。当時の主査、平井敏彦が掲げた「欲張るな、シンプルにしろ」という方針のもと、誰もが特別に運転の技能を要求されずに、自分のペースで気ままに運転が楽しめる、そんな性格が貫かれた。自分の技量の限界、そしてクルマ自体の性能の限界を試すことに楽しみを見いだそうとする一部のマニア向けのスポーツカーとは、明らかに一線を画していた。続く二代目三代目ロードスターの主査を務めた貴島孝雄もこの平井の方針を継承している。

これがその後（正確には一二年後）にマツダの唱え始めたブランドメッセージ、Zoom-Zoomに合致した。つまり、気がついたら、ロードスターこそZoom-Zoomだった、ということだ。あえて言えば、それは〝思いがけない幸運〟だ。

ロードスターの場合、企画段階で出された販売見込み数字「全世界で月五〇〇〇台」つまり年間六〇〇〇〇台という販売見込み数字はともかく、このロードスタービジネスを始めるためには、当然、月販の目標数字が必要だった。〝冬の時代〟の軽量オープンスポーツカーの市場を予測するなど実に困難。それでも一説では、マツダは、世界で四七七〇台という数字を設定したという。その台数内訳は米国が約八割を占め、国内はやはり五〇〇〇台だったらしい。企画段階に考えた数字と比較すれば、非常に強気だったと言える。ところが、いざフタを開けてみると、この強気の数字すらかすんでしまうような現実が待っていた。発売した一九八九年、発売後四カ月ほどの短い期間にもかかわらず、三万五八四三台を販売。そしてその翌年の一九九〇年にはなんと年間七万五七九八台の爆発的ヒットとなったのだ。ロードスターの登場によって、〝冬の時代の市場〟が、瞬く間に〝熱狂的な市場〟に様変わりした。マツダにとって、文字通り、思いがけない幸運だった。

そしてCX‐5にも、ロードスターが経験した〝思いがけない幸運〟の女神が微笑んだ。発売最初の一〇カ月間で国内の当初販売目標の三・五倍、三万五〇〇〇台あまりを売り上げた。

両者ともに幸せな読み違いによる、市場の創造だった。ただし、山内孝は、CX‐5が市場を創造すると信じていたことは、本編で述べた通りだ。

マツダは、戦後三輪トラックの市場を創造することによって自動車会社としての基礎を築いた。日本が高度成長期に突入するまでの時代、三輪トラックはマツダの代名詞のような存在だった。続いてロータリーエンジンを開発し、ロータリーエンジン搭載車を世に送り出すことによって、独自の領域を開拓した。したがって、一九七〇年代と同八〇年代は、ロータリーエンジンがマツダの象徴になった。しかし、二〇一二年六月にこのロータリーエンジンの搭載車生産が終わるとともに、マツダ・ブランドの象徴は、ロータリーエンジンからロードスターへと移っている。つまり、マツダ・ブランドの象徴がロードスターになったのは、マツダが意図して計画したことだとは言い難い。

ロードスターは思いもかけず、早朝から予約金と印鑑を手にして列をなした顧客によって育てられたことによって、マツダ・ブランドの象徴へと成長した。果たして、マツダは、このロードスターをこれから先、将来にわたってブランドの象徴にし続けるつもりなのだろうか。

四代目ロードスターのキャッチフレーズに「守るために変えていく」がある。これを解釈すれば、ブランドの象徴であり続けるかどうかはともかく、ロードスターはマツダにとって守るべき存在になったということだ。これは批判ではない。ただし、これは明らかに初代ロードスターに込めた意図とは違っている。初代は市場を創造するために攻めた。ロータリーエンジンの開発もまた、自動車企業としての生き残りをかけて、攻めの姿勢を貫いた。

技術と知恵を武器に攻める集団

本編で表現したように、マツダは技術と知恵を武器に〝攻める〟集団だ。この観点からして、社長の小飼雅道がスカイアクティブ2の目標を打ち出した目的もまた、攻めることにあるはずだ。これからさらに三年の月日をかけてスカイアクティブ技術の製品を進化させ、マツダを〝本物〟にするためには、攻めなければならない。マツダ独自の技術と知恵でさらに攻め続ける姿勢こそが、マツダを成長させてくれるエンジンであるはずだ。

そうだとすれば、スモールプレーヤーだからこその独自技術と知恵の結晶である製品を武器に攻めなければならない。それがブランドを構築し、より強固にしてくれる道だ。独自技術と知恵で市場を創造できるか否か。確かにロードスターは市場を創造した。だからといって、四代目のロードスターが引き続きその役割を果たせるのだろうか。

守っていては攻められない。守りながらの攻めには限界がある。スモールプレーヤーが攻めるということは、メーカーの場合、市場の創造にひたすらチャレンジすることだ。意識の上で守りに入ったロードスターには、もはや初代のような市場を創造する力はない。これは仕方のないことだ。意図するにしろしないにしろ、ロードスターの市場はある意味でできあがってしまっているのだから。

そうだとすれば、今のマツダに必要なのは、〝第二のロードスター〟の出現ではないのか。第二のロードスターによって攻め、マツダのモットーである〝飽くなき挑戦〟を続けて、将来につながる成長の道を開くべきだ。開発の第二段階に入ったスカイアクティブ技術を基にすれば、それは可能なはずだ。

そしてその第二のロードスターが、現在のロードスターからマツダ・ブランド象徴の座を完全に奪いとったとき、マツダのブランド戦略は本物になっているはずだ。

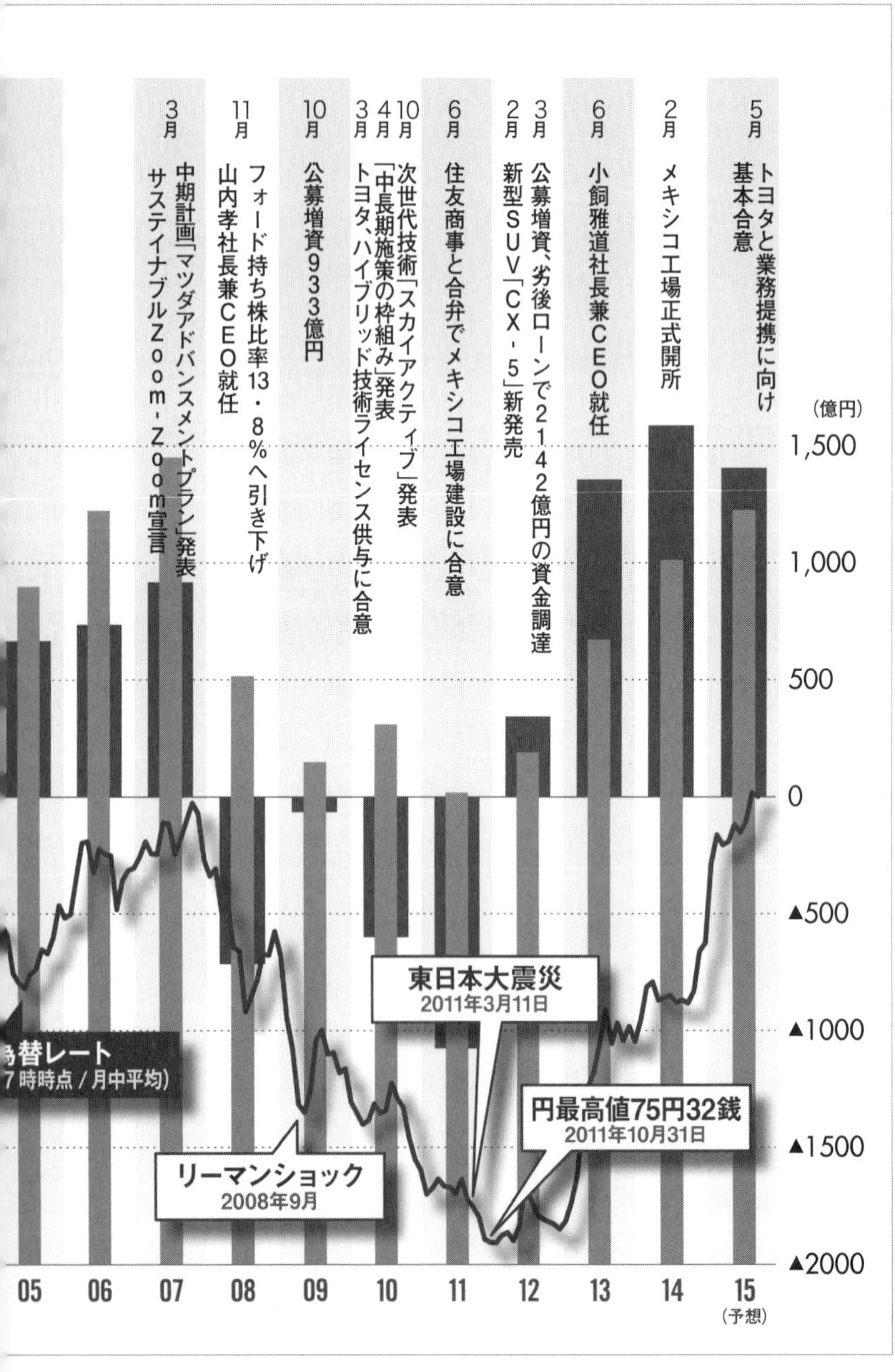
3月 中期計画「マツダアドバンスメントプラン」発表
サステイナブルZoom-Zoom宣言
11月 フォード持ち株比率13・8%へ引き下げ
山内孝社長兼CEO就任
10月 公募増資933億円
10月 次世代技術「スカイアクティブ」発表
4月 「中長期施策の枠組み」発表
3月 トヨタ、ハイブリッド技術ライセンス供与に合意
6月 住友商事と合弁でメキシコ工場建設に合意
3月 公募増資、劣後ローンで2142億円の資金調達
2月 新型SUV「CX-5」新発売
6月 小飼雅道社長兼CEO就任
2月 メキシコ工場正式開所
5月 トヨタと業務提携に向け基本合意
(億円)
1,500
1,000
500
0
▲500
▲1000
▲1500
▲2000
東日本大震災
2011年3月11日
円最高値75円32銭
2011年10月31日
リーマンショック
2008年9月
為替レート
(17時時点 / 月中平均)
05
06
07
08
09
10
11
12
13
14
15
(予想)

マツダ 業績の推移

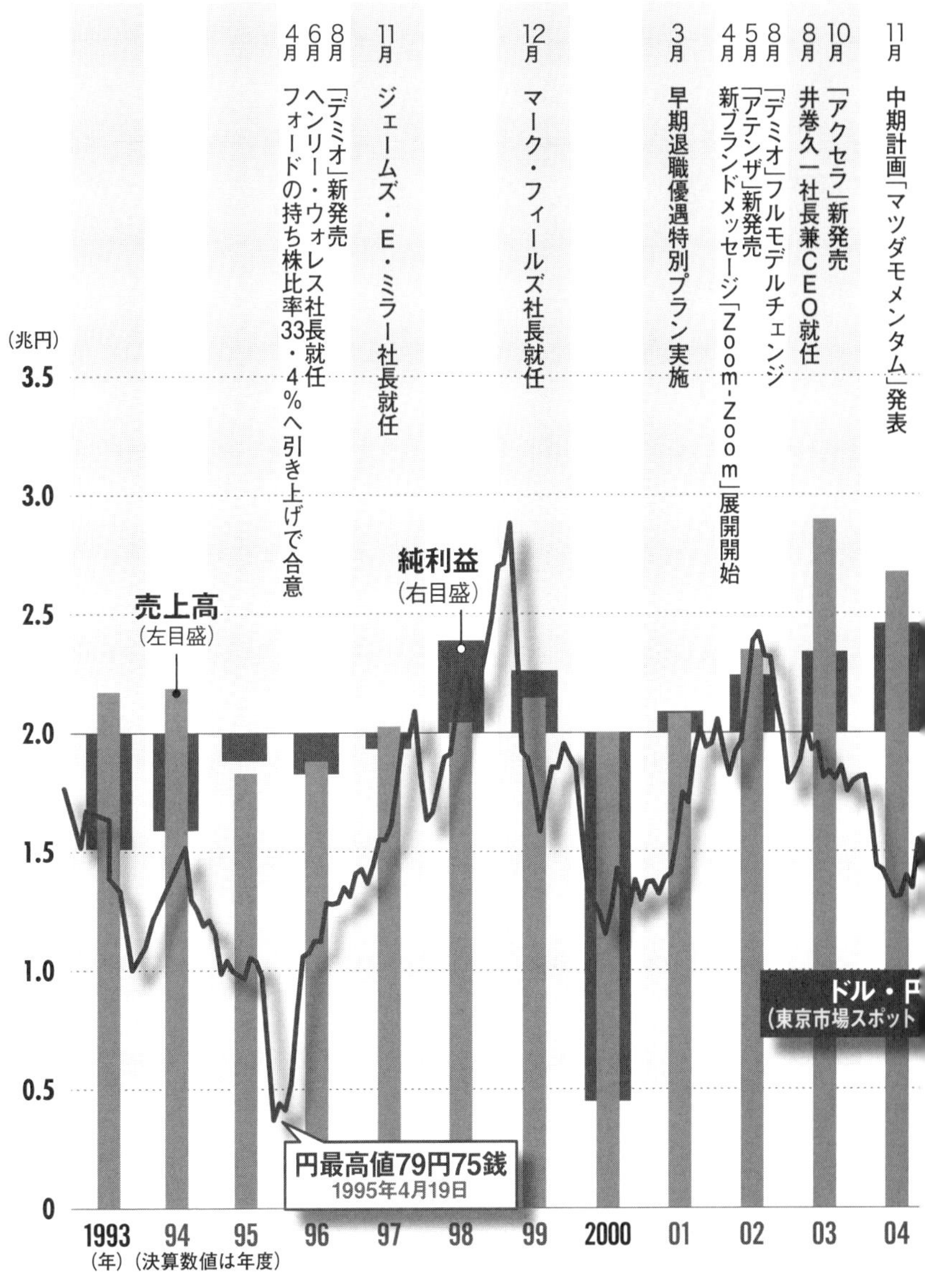

8月 「デミオ」新発売
6月 ヘンリー・ウォレス社長就任
4月 フォードの持ち株比率33・4%へ引き上げで合意
11月 ジェームズ・E・ミラー社長就任
12月 マーク・フィールズ社長就任
3月 早期退職優遇特別プラン実施
8月 「デミオ」フルモデルチェンジ
5月 「アテンザ」新発売
4月 新ブランドメッセージ「Zoom-Zoom」展開開始
8月 井巻久一社長兼CEO就任
10月 「アクセラ」新発売
11月 中期計画「マツダモメンタム」発表
(兆円)
3.5
3.0
2.5
2.0
1.5
1.0
0.5
0
売上高
(左目盛)
純利益
(右目盛)
円最高値79円75銭
1995年4月19日
ドル・円
(東京市場スポット
1993
94
95
96
97
98
99
2000
01
02
03
04
(年)(決算数値は年度)

謝辞

本書を書こうという意欲が強くなったのは、二〇〇九年二月四日、マツダの二〇〇八年度第3四半期決算発表会に出席したときのことだ。リーマンショック直後の三カ月の業績を山内孝氏が社長として初めて説明した。驚いたのは予定開始時刻の一〇分ほど前、席に着こうと会場に入ったときすでに社長以下担当の役員が記者席と正対するかたちで席に着いていたことだ。しかも開始五分ほど前だっただろうか、いきなり山内氏自身が記者席に歩み寄って、「まだ名刺を交換させていただいていませんでしたね」と自ら自己紹介し、ことばを交わしたのだった。それまでこんな光景には出会ったことがなかった。もちろんそれ以来今に至るまで他の発表会でお目にかかったこともない。

しかし、考えてみると、日時と場所を指定した招く側の人たちが、招いた人たちをその場で待つのは、ある意味で当然のことではないかと思う。大企業の経営者は忙しい、分秒を惜しんで仕事をしているから会場に入るのは定刻ぎりぎりでよいと双方が勝手に思い了解しているから、このマツダ経営陣の態度が普通ではなくなるのだ。

招かれた人に向かって、招いた人のほうから歩み寄り自己紹介するのは、本来なら当然のエチケットなのではないだろうか。

この当然のことをごく自然に実行する山内孝氏とは一体どんな人物なのか、マツダのことは自分なりに勉強してきたつもりだったものの、山内氏をはじめとするマツダの経営者とは一体どんな人たちなのか、マツダの〝秘密〟が知りたくなった。今にして思えば、この山内氏の姿勢も、世の企業経営者に対する常識を覆していたのではないか。繰り返す、この山内氏の振る舞いこそ、本来の常識的な行動だ。それを教えてもらったことに感謝している。

山内氏に代表されるこの常識的でそして同時に謙虚な姿勢が、危機に陥ったマツダを支える力になったことは間違いない。昨年六月二四日、山内氏がマツダを去るときの社員一〇〇〇人あまりの見送りは、決して単なるお義理や形式的なものではないはずだ。

本書を執筆するにあたって、現会長の金井誠太氏、社長の小飼雅道氏を筆頭にマツダのキーマン二〇人以上から、詳細なお話をおうかがいすることができた。本書のために貴重な時間を割き多くのエネルギーを使ったうえに、快くしかもオープンに協力してくださったことに対して、心から感謝している。そしてこのお膳立てをしてくださったマツダ広報本部の方々にもお礼を申し上げたい。

一九九〇年代初頭にマツダという企業に関心を持って以来、これまで長年、ありがたいことに実に数多くのマツダの社員あるいは関係者と公私にわたり親交を深めてこられた。その中には、この間にマツダを退職なさった方々も、あるいは新たにマツダに入社なさった方々も含まれる。こうした方々から教わった知見や知識、知恵などが本書の土台になっている。本当にありがたいことだと感謝している。

広島県商工労働局のご協力にも感謝している。広島という地域についてさまざまな情報や知見をご教示いただき、また多数の資料も頂戴した。

そして本書では筆者の力及ばず具体的な記述には至らなかったものの、〝広島におけるマツダ〟を考えるうえで、貴重なインスピレーションを与えてくださった株式会社アンデルセン・パン生活文化研究所と賀茂鶴酒造株式会社にも心からお礼を申し上げたい。両社についてはまた別の機会になんらかのかたちで紹介できればと願っている。

またプレジデント社オンライン編集部編集長、中田英明氏にも心からお礼を申し上げたい。同氏のご尽力がなければ本書が世に出ることはなかった。

人にドラマがあるように、企業という組織体にもドラマがある。筆者が目撃したマツダのドラマを、本書によってその一端でも読者に伝えられれば、筆者にとってそれに勝る喜びはない。

二〇一五年九月

宮本 喜一

宮本喜一（みやもと・よしかず）
ジャーナリスト

1948年奈良市生まれ。71年一橋大学社会学部卒業、74年同経済学部卒業。同年ソニー株式会社に入社し、おもに広報、マーケティングを担当。94年マイクロソフト株式会社に入社、マーケティングを担当。98年独立して執筆活動を始め、現在に至る。主な著書に『マツダはなぜ、よみがえったのか？』（日経BP社）、『本田宗一郎と遊園地』（ワック）や、翻訳書『ジャック・ウェルチ　わが経営』（上・下）（日本経済新聞出版社）、『ドラッカーの講義』（アチーブメント出版）、『勇気ある人々』（英治出版）ほか多数。

ロマンとソロバン

2015年10月21日　第1刷発行
2016年 4 月 9 日　第2刷発行

著　者　宮本喜一
発行者　長坂嘉昭
発行所　株式会社プレジデント社
〒102-8641 東京都千代田区平河町2-16-1 平河町森タワー
電話：編集（03）3237-3726
　　　販売（03）3237-3731

デザイン　秦 浩司（hatagram）
印刷・製本　凸版印刷株式会社

ISBN978-4-8334-5075-1
Printed in Japan

落丁・乱丁本はおとりかえいたします。